2판 최신 서양조리

2판

최신 서양조리

양식조리기능사 새 출제기준 100% 반영

정순영 · 김경애
복혜자 · 나정숙

교문사

요리의 기본은 적절한 열의 이용, 알맞은 시간의 사용, 재료의 적절한 조합과 조화 등에 달려 있다고 할 수 있다. 이 책은 예비 조리사들이 양식조리기능사 자격증 취득의 기본을 익힐 수 있도록 서양 요리에 관한 내용을 기초와 실기편으로 나누어 담고 있다. 실기편에서는 한국산업인력관리공단에서 시행하는 양식조리기능사 출제 기준에 따른 33가지 실기 문제를 수록하였다.

조리 현장 경험과 대학교 강단에서 학생들을 지도한 경험, 한국산업인력관리공단의 조리사자격증 시험감독위원으로 활동한 경험을 바탕으로 엮은 수험서이기에, 기존의 조리서와 차별화될 수 있도록 핵심적인 내용만을 담았다. 이를 통해 수험자들이 별 어려움 없이 양식조리기능사 자격증을 취득할 수 있을 것이라 믿는다. 또한 예비 조리사들이 현장에서 활약할 때 갖추어야 할 기본적인 서양 요리에 관한 지식을 고루 섭렵하는 데 도움을 주려고 노력했다. 부디 본교재를 가지고 열과 성을 다해 공부하는 모든 예비 조리사들이 자격시험에 합격하는 영광을 누리길 바란다.

본서의 저자들이 집필에 노력했음에도 불구하고 미비한 부분이 있으리라 생각되며, 부족한 부분은 향후 연구하고 보완하여 발전시킬 것을 약속드린다. 독자들이 이 책을 통해 서양 요리의 기본 지식을 쌓고, 요리를 사랑하게 되고, 즐겁게 공부하게 되기를 빈다.

2018년 2월
저자 일동

C·O·N·T·E·N·T·S

양식조리기능사 **시험 안내**

1) 개요

양식조리 부문에 배속되어 제공될 음식에 대한 계획을 세우고 조리할 재료를 선정, 구입 · 검수하고 선정된 재료를 적정한 조리기구를 사용하여 조리 업무를 수행하며 음식을 제공하는 장소에서 조리시설 및 기구를 위생적으로 관리 · 유지하고 필요한 각종 재료를 구입, 위생학적 · 영양학적으로 저장 관리하면서 제공될 음식을 조리 · 제공하기 위한 전문 인력을 양성하기 위하여 자격제도를 제정하였다.

2) 수행 직무

양식조리부문에 배속되어 제공될 음식에 대한 계획을 세우고 조리할 재료를 선정, 구입 · 검수하고 선정된 재료를 적정한 조리기구를 사용하여 조리 업무를 수행하며 음식을 제공하는 장소에서 조리시설 및 기구를 위생적으로 관리 · 유지하고 필요한 각종 재료를 구입, 위생학적 · 영양학적으로 저장 · 관리하면서 제공될 음식을 조리하여 제공하는 직종이다.

3) 진로 및 전망

식품접객업 및 집단 급식소 등에서 조리사로 근무하거나 운영이 가능하다. 업체 간, 지역 간 이동이 많은 편이고 고용과 임금에 있어서 안정적이지 못한 편이지만, 조리에 대한 전문가로 인정받으면 높은 수익과 직업적 안정성을 보장받게 된다. 식품위생법상 대통령령이 정하는 식품접객영업자(복어 조리, 판매 영업 등)와 집단급식소의 운영자는 조리사 자격을 취득하고, 시장 · 군수 · 구청장의 면허를 받은 조리사를 두어야 한다(관련 법: 식품위생법 제34조, 제36조, 같은 법 시행령 제18조, 같은 법 시행규칙 제46조).

4) 실시 기관 홈페이지

한국기술자격검정원(http://t.q-net.or.kr)

5) 시험 수수료

- 필기: 11,900원
- 실기: 29,600원

6) 요구 작업

지급된 재료를 갖고 요구하는 작품을 시험 시간 내에 1인분을 만들어야 한다. 주요 평가 내용은 위생 상태(개인 및 조리 과정), 조리의 기술(기구 취급, 동작, 순서, 재료 다듬기 방법), 작품의 평가, 정리 정돈 및 청소이다.

7) 시험 과목

- 필기: 식품위생 및 관련 법규, 식품학, 조리이론 및 원가계산, 공중보건
- 실기: 양식조리작업

8) 검정 방법

- 필기: 객관식 4지 택일형, 60문항(60분)
- 실기: 작업형(70분 정도)
- 합격 기준: 100점 만점에 60점 이상

실기 출제 기준

1) 기초 조리 작업(식재료별 기초 손질 및 모양 썰기)

식재료를 각 음식의 형태와 특징에 알맞도록 손질할 수 있다.

2) 오드볼

각종 육류, 어패류, 채소 및 그 가공품 등을 사용한 카나페, 칵테일, 오드볼, 차가운 전채, 뜨거운 전채, 테린, 파테, 갈란틴, 훈제, 건조, 마리네이드, 복합 샐러드 등을 조리한다.

- 메뉴 구성 및 연회의 성격, 메인메뉴 등과 어울릴 수 있는 재료를 선택할 수 있다.
- 신선하고 다양한 질감으로 식욕을 돋을 수 있는 재료를 선택할 수 있다.
- 알맞은 양을 준비하여, 요리에 알맞은 조리법으로 조리할 수 있다.

3) 육수류

주어진 재료를 사용하여 요구 사항대로 육수류를 만들 수 있다.

4) 소스류(냉 · 온소스 조리하기)

주어진 재료를 사용하여 요구 사항대로 냉 · 온소스를 만들 수 있다.

5) 수프류

- 주어진 재료를 사용하여 요구 사항대로 맑고 투명한 수프를 만들 수 있다.
- 주어진 재료를 사용하여 요구 사항대로 맑고 투명한 수프를 만들 수 있다.
- 주어진 재료를 사용하여 요구 사항대로 진한(걸쭉한) 수프를 만들 수 있다.
- 주어진 재료를 사용하여 요구 사항대로 스페셜 수프를 만들 수 있다.
- 주어진 재료를 사용하여 요구 사항대로 내셔널 수프를 만들 수 있다.

6) 생선요리(각종 생선류, 갑각류, 패류 등)

- 주어진 재료를 사용하여 요구 사항대로 구이를 할 수 있다.
- 주어진 재료를 사용하여 요구 사항대로 튀김을 할 수 있다.
- 주어진 재료를 사용하여 요구 사항대로 찜을 할 수 있다.
- 주어진 재료를 사용하여 요구 사항대로 조림을 할 수 있다.
- 주어진 재료를 사용하여 요구 사항대로 팬프라이를 할 수 있다.
- 주어진 재료를 사용하여 요구 사항대로 마리네이드를 할 수 있다.
- 기타의 생선요리를 조리할 수 있다.

7) 육류요리(각종 육류, 가금류, 엽조육류 및 그 가공품 등)

- 주어진 재료를 사용하여 요구 사항대로 구이를 할 수 있다.
- 주어진 재료를 사용하여 요구 사항대로 튀김을 할 수 있다.
- 주어진 재료를 사용하여 요구 사항대로 찜을 할 수 있다.
- 주어진 재료를 사용하여 요구 사항대로 조림을 할 수 있다.
- 주어진 재료를 사용하여 요구 사항대로 볶음을 할 수 있다.
- 주어진 재료를 사용하여 요구 사항대로 마리네이드를 할 수 있다.
- 기타의 육류요리를 조리할 수 있다.

8) 담기

- 적절한 그릇에 담는 원칙에 따라 음식을 모양 있게 담아 음식의 특성을 살려낼 수 있다.
- 조리복 · 위생모 착용, 개인위생 및 청결 상태를 유지할 수 있다.
- 식재료를 청결하게 취급하며 전 과정을 위생적으로 정리 정돈하며 조리할 수 있다.

수험자 공통 유의 사항

1) 만드는 순서에 유의하며, 위생과 숙련된 기능평가를 위하여 조리작업 시 맛을 보지 않습니다.
2) 지정된 수험자지참준비물 이외의 조리기구나 재료를 시험장내에 지참할 수 없습니다.
3) 지급재료는 시험 전 확인하여 이상이 있을 경우 시험위원으로부터 조치를 받고 시험 중에는 재료의 교환 및 추가지급은 하지 않습니다.
4) 요구사항의 규격은 "정도"의 의미를 포함하며, 지급된 재료의 크기에 따라 가감하여 채점합니다.
5) 위생상태 및 안전관리 사항을 준수합니다.
6) 다음 사항에 대해서는 채점대상에서 제외하니 특히 유의하시기 바랍니다.

   가) 기권: 수험자 본인이 시험 도중 시험에 대한 포기 의사를 표현하는 경우
   나) 실격: (1) 가스레인지 화구 2개 이상(2개 포함) 사용한 경우
             (2) 불을 사용하여 만든 조리작품이 작품특성에 벗어나는 정도로 타거나 익지 않은 경우
             (3) 시험 중 시설·장비(칼, 가스레인지 등) 사용 시 감독위원 및 타수험자의시험 진행에 위협이 될 것으로 감독위원 전원이 합의하여 판단한 경우
   다) 미완성: (1) 시험시간 내에 과제 두 가지를 제출하지 못한 경우
             (2) 문제의 요구사항대로 과제의 수량이 만들어지지 않은 경우
   라) 오작: (1) 구이를 찜으로 조리하는 등과 같이 조리방법을 다르게 한 경우
             (2) 해당과제의 지급재료 이외의 재료를 사용하거나 석쇠 등 요구사항의 조리도구를 사용하지 않은 경우
   마) 요구사항에 명시된 실격, 미완성, 오작에 해당하는 경우

7) 항목별 배점은 위생상태 및 안전관리 5점, 조리기술 30점, 작품의 평가 15점입니다.

수험자지참준비물 추가
- 전 종목 : 도마(나무도마 또는 흰색), 이쑤시개
- 양식 : 거품기(수동만 가능, 자동 및 반자동 불가), 다시백, 볼(bowl, 크기 제한 없음)
- 복어 : 쇠꼬챙이
→ 자격정보시스템의 수험자 지참준비물 수량(1개)은 최소 필요량을 표시하였으므로 수험자가 필요시 추가지참 가능하며, 시험에 불필요하다고 판단되는 것은 지참하지 않아도 무방합니다.

개인위생상태 및 안전관리 세부기준 안내

1) 개인위생상태 세부기준

순번	구분	세부기준
1	위생복	· 상의 : 흰색, 긴팔 · 하의 : 색상무관, 긴 바지 · 안전사고 방지를 위하여 반바지, 짧은 치마, 폭넓은 바지 등 작업에 방해가 되는 모양이 아닐 것
2	위생모 (머리수건)	· 흰색 · 일반 조리장에서 통용되는 위생모
3	앞치마	· 흰색 · 무릎아래까지 덮이는 길이
4	위생화 또는 작업화	· 색상 무관 · 위생화, 작업화, 발등이 덮이는 깨끗한 운동화 · 미끄러짐 및 화상의 위험이 있는 슬리퍼류, 작업에 방해가 되는 굽이 높은 구두, 속 굽 있는 운동화가 아닐 것
5	장신구	· 착용 금지 · 시계, 반지, 귀걸이, 목걸이, 팔찌 등 이물, 교차오염 등의 식품위생 위해 장신구는 착용하지 않을 것
6	두발	· 단정하고 청결할 것 · 머리카락이 길 경우, 머리카락이 흘러내리지 않도록 단정히 묶거나 머리망 착용할 것
7	손톱	· 길지 않고 청결해야 하며 매니큐어, 인조손톱부착을 하지 않을 것

※ 개인위생 및 조리도구 등 시험장내 모든 개인물품에는 기관 및 성명 등의 표시가 없을 것

2) 안전관리 세부기준

1. 조리장비 · 도구의 사용 전 이상 유무 점검
2. 칼 사용(손 빔) 안전 및 개인 안전사고 시 응급조치 실시
3. 튀김기름 적재장소 처리 등

양식조리기능사 실기 공개 과제

조식

치즈오믈렛 / 20분

스패니시오믈렛 / 30분

전채

슈림프카나페 / 30분

샐러드부케를 곁들인 참치타르타르와 채소비네그레트 / 30분

스톡

채소로 속을 채운 훈제연어롤 / 40분

브라운스톡 / 30분

수프

비프콩소메수프 / 40분

피시차우더수프 / 30분

프렌치어니언수프 / 30분

포테이토크림수프 / 30분

미네스트로네수프 / 30분

브라운그레이비소스 / 30분

소스

토마토소스 / 30분

홀란데이즈소스 / 25분

이탤리언미트소스 / 30분

타르타르소스 / 20분

 월도프샐러드 / 20분

 포테이토샐러드 / 30분

 해산물샐러드 / 30분

 시저샐러드 / 35분

생선요리

 사우전드아일랜드드레싱 / 20분

 피시뫼니에르 / 30분

 솔모르네 / 40분

 프렌치프라이드슈림프 / 25분

주요리

 바비큐포크찹 / 40분

 비프스튜 / 40분

 솔즈베리스테이크 / 40분

 살리스버리 스테이크 / 30분

샌드위치

 치킨커틀릿 / 30분

 치킨알라킹 / 30분

 BLT샌드위치 / 30분

 햄버거샌드위치 / 30분

스파게티

 스파게티카르보나라 / 30분

 토마토소스해산물스파게티 / 35분

STEP 1　꼭 알아야 할 향신료와 양념류

　음식·요리의 맛, 색, 향을 내기 위해 사용하는 식물의 씨, 과육, 잎, 꽃, 뿌리, 껍질에서 얻은 식물 구성의 일부로 고유한 향미를 가지고 있어 식품 및 요리에 향미를 돋거나 음식의 색을 나타내어 식욕을 증진시키며, 소화 작용에 도움을 준다. 향신료 대부분은 상쾌한 방향감을 지니고 있으며 식품의 변질을 막아 주는 방부제 역할도 한다.

　허브와 향신료의 차이점은 다음과 같다. 둘 다 식물에서 얻은 것이지만 줄기에서 얻었다면 허브(로즈메리, 세이지, 민트, 타임, 오레가노 등)이고 씨앗, 열매, 껍질, 꽃을 이용한 경우를 향신료(후추, 계피, 넛맥, 샤프란, 파프리카 등)라고 한다. 물론 용도에 따라 허브(Herb)도 되고 스파이스(Spice)도 되는 재료도 있다.

1. 검은 후춧가루(Black Pepper)
동남아시아, 주로 보르네오, 자바, 수마트라가 원산지이고 기본적으로 서양 요리에서 가장 많이 사용된다. 열매가 완전히 익기 전에 열매를 수확하여 말린 것이다. 이 통후추를 갈아서 분말 형태로 사용한다.

2. 흰 후춧가루(White Pepper)
자바, 수마트라가 원산지이다. 완전히 익은 열매의 껍질을 벗겨 말린 것이 흰색이기에 흰 후추라 한다. 이것을 분말 형태로 사용한다.

3. 통후추(Whole)
덜 익은 열매를 따서 껍질이 갈색에서 검은색으로 변할 때까지 말려 사용한다. 매운맛이 강하며 덩어리 고기 또는 고기의 기본적인 소스인 폰드보소스에 통으로 넣어 사용된다.

4. 정향(Clove)
향신료 중 개화되지 않은 꽃봉오리를 이용하는 품종이다. 육류의 누린내, 생선 비린내를 제거하는 강한 향미와 달콤함을 지니고 있다. 이 향미는 푸딩, 과일펀치, 케이크, 차, 술 등의 향미료로도 사용된다. 실기시험에서는 통으로 지급된다.

5. 월계수잎(Bay Leaf)

지중해 연안과 남부 유럽에서 생산된다. 생잎은 약간 쓴맛이 나지만 건조시킨 잎은 달고 강한 향이 있어 잎을 뜯기만 해도 향이 퍼져 향기롭다. 또 식욕을 증진시키고 풍미를 더하며 방부제 역할도 한다. 소스나 수프, 스튜, 피클 등의 부향제로 쓰이고 생선요리나 육류요리에도 많이 사용한다.

6. 타라곤(Tarragon)

원산지는 유럽이며 버드나무처럼 가늘고 긴 잎을 지니며 향기가 있다. 약한 매운맛과 쓴맛이 특징이다. 달콤한 향과 약간 매콤하면서도 쌉쌀한 맛이 일품인 재료이다. 주로 피클이나 샐러드에 사용하는 이 재료는 프랑스 요리를 할 때 꼭 필요한 향신료이다.

7. 계핏가루(Cinnamon Powder)

스리랑카, 중국 등이 주요 생산지이며 계수나무의 얇은 껍질과 가지의 나무껍질을 벗겨 코르크층을 제거하고 말린 것이다. 가루를 내어 사용하며 찜, 피클, 음료나 아이스크림, 디저트 등에 사용한다.

8. 카옌페퍼(Cayenne Pepper)

북미에 자생하고 칠리를 잘 말린 후 가루를 낸 것이다. 육류, 생선, 달걀요리와 가금류, 소스, 드레싱 등에 사용한다.

9. 호스래디시(Horseradish)

겨자과의 여러해살이 식물로 원산지는 유럽과 아시아이다. 고추냉이무, 와사비무, 서양고추냉이무라고도 한다. 열을 가하면 향미가 사라져 버리기 때문에 흰색의 뿌리를 생으로 갈아서 사용한다. 로스트비프, 훈제연어, 생선요리 소스 등에 사용한다.

10. 칠리소스(Chili Sause)

토마토와 붉은 고추, 설탕, 식초, 양파 등을 넣어 만든 소스이며 채소, 육류 등에 사용한다. 달콤한 맛이 나는 스위트 칠리소스와 매운맛이 나는 핫 칠리소스가 있다.

11. 머스터드(Mustard)

양겨자라고도 하는 머스터드는 특유의 쌉쌀한 향과 맛을 지니고 있으며 주요리, 샐러드, 햄 등 요리에 곁들이거나 단맛을 가미하여 샐러드드레싱으로 사용한다. 이 소스는 잡냄새를 없애 준다.

12. 우스터소스(Worcster Sauce)

영국 우스터 도시에서 만든 소위 저장 소스 천연재료들을 장기 숙성 발효하여 탄생한 복잡한 풍미와 향으로 스테이크, 소스, 수프 등에 사용한다.

13. 토마토페이스트(Tomato Paster)

토마토의 껍질과 씨를 제거하여 곱게 퓨레로 만들어 여러 시간 끓여 농축시켜 반고체에 가깝도록 졸여서 만든다. 퓨레와 케첩의 중간 정도의 농도로 각종 육류 소스나, 수프 등에 사용한다.

14. 파르메산치즈(Parmesan cheese)

이탈리아 북부 에밀리아로마냐 주가 원산지이다. 수분 함량이 적다. 우유를 발효 숙성시켜 단단한 형태로 만들어진다. 가루 형태로 갈아서 만들어 스파게티, 피자, 샐러드 위에 뿌려 먹는다.

 ## 시험에 등장하는 기본 채소

1. 파슬리(Parsley)

유럽 중남부와 지중해 연안이 원산지이다. 세계 여러 곳에서 재배하며 미나릿과 두해살이풀이다. 서양 요리에 많이 사용되는 중요한 식재료이며 잎은 진한 녹색이고 비타민 A, 비타민 C, 철분, 칼슘 등이 많다. 풍성한 잎은 요리의 가니시로 사용하며 줄기는 부용소스 등에 넣어 사용한다. 부케가르니(Bouquet Garni)를 만들 때에도 이용하며 생선, 고기, 채소, 샐러드, 파슬리 버터, 수프 등에 넣어 먹는다.

2. 처빌(Chervil)

유럽과 서아시아가 원산지인 야생식물이었는데 시리아에서도 재배되었다. 처빌은 섬세한 맛을 내는 요리에 사용되어 미식가의 파슬리라고 불린다. 오늘날 프랑스 요리에 많이 사용하고 있다. 파슬리보다 섬세한 향이 있어 아니스열매나 감초 같은 달콤한 풍미가 있다. 그러나 열을 가하면 향이 쉽게 휘발되는 종유이기 때문에 샐러드처럼 생으로 먹는 것이 좋다. 익히는 요리에는 먹기 직전에 넣어서 사용한다. 신선한 처빌은 수프나, 샐러드 등에 사용하며 오믈렛에 넣어 먹기도 하고 해산물 요리나 치킨, 육류요리의 맛을 돋우며 치즈 등과 곁들여 사용한다.

3. 딜(Dill)

지중해 연안, 인도 등지에서 자생한다. 유럽에서는 닭고기, 양고기, 생선(연어), 채소요리 등 다양하게 사용된다. 딜은 어린이 소화나 위장 장애, 변비 등에 좋으며 특히 피클에 꼭 들어가야 하는 허브이다. 꽃은 피클샐러드에 잎은 연어마리네이드, 감자요리에 주로 사용한다. 딜의 어원은 '진정시키다'라는 뜻으로 청량감이 있어 배고픔이나 지루함을 달래기 위해 씹는 사람들도 있다.

4. 차이브(Chive)

백합목 백합과의 여러해살이 허브로 유럽, 시베리아, 일본 등이 원산지이다. 일명 서양 부추로 또는 서양실파로 불리며 특이한 향초로 서양 요리의 향신료 역할을 한다. 단백질, 철분, 비타민 B, 비타민 C가 많이 함유되어 있으며 빈혈 예방, 소화, 피를 맑게 하는 정혈 작용도 한다. 육류, 생선, 소스, 수프 등 각종 요리에 사용된다.

5. 그린빈스(Green Beans)

자라지 않은 어린 완두콩으로 껍질콩이라고도 부른다. 미성숙하기 때문에 껍질이 부드러워 안에 든 콩과 함께 먹을 수 있다. 주로 서양 요리에 곁들이는 식재료로 이용된다. 달콤하며 고소한 알칼리성 식품으로 비타민 A가 풍부하여 시력과 간에 도움을 주는 식품이다. 주로 양파나 베이컨과 함께 볶아서 먹는다.

6. 비타민(Vitamin)

서양 요리에 자주 들어가는 채소로 비타민 A와 비타민 C가 풍부하다. 시력 회복과 혈액 순환에 좋으며 콜레스테롤 조절 기능이 있어 심혈관 질환을 예방하는 데 좋은 식재료이다.

7. 그린치커리(Green Chicory)

고대 로마 시대에 재배되기 시작했다. 생육이 빨라 환경에 적응력이 왕성해 많이 재배된다. 치커리라고 불리며 샐러드용으로 이용되고 수프의 맛을 내는 데에도 이용된다. 치커리에는 이누린, 고미질, 타닌, 과당, 알칼로이드 등이 함유되어 있어 담즙 분비를 증가시켜 담석증에 특효이다.

8. 셀러리(Celery)

미나릿과에 속하며 유럽, 서아시아가 원산지이며 이탈리아 사람들에 의해 품종이 개량되어 오늘날에 이르렀다. 영양가가 높고 특유의 향이 식욕을 촉진하는 채소로 고기나 간 등의 냄새를 제거하는 데도 쓰인다. 칼슘을 많이 함유하고 있어 신경 안정에 도움을 주고 체내에 불필요한 염분을 배출하는 작용도 한다. 섬유질 또한 풍부해서 장벽을 자극하여 변비를 예방하고 콜레스테롤 수치를 저하시킨다. 특히 비타민B_1, B_2가 많이 들어 있다. 잎은 잘게 다져 카레나 스튜, 수프 등에 사용하고 줄기는 샐러드나 볶음, 생선, 육류의 부향제로 사용한다.

9. 롤라로사(Lolla Rossa)

국화과 채소로 붉은색이 고운 이탈리아 상추로 생김새가 곱슬곱슬하다. 철, 마그네슘, 칼륨이 풍부하다. 겉잎에 베타카로틴이 많이 함유되어 있으므로 전체를 이용하는 것이 좋다. 또한 감기나 기관지 질환을 치료하고 해열 작용을 하거나 신진대사를 촉진한다. 이탈리아에서는 이것을 주로 샐러드로 사용하며 색깔이 고와 다양한 요리의 가니시로도 쓴다.

10. 케이퍼(Caper)

지중해 연안에 자생하고 있으며 꽃봉오리 부분만을 향신료로 이용한다. 후추만 한 크기와 콩만 한 크기로 다양하다. 현재 판매는 식초에 절인 병조림 제품으로 사용한다. 케이퍼는 생선요리, 특히 연어요리의 냄새 제거에 이용되며 다져서 드레싱이나 소스에 섞어서 사용한다. 소화를 촉진시키고 식욕 촉진을 도우며 위장의 염증에 효과적이다. 주산지는 유럽 전역과 이탈리아, 스페인 등이다.

11. 양상추(Head Lettuce)

국화과의 두해살이식물로 잎이 둥글다. 양배추처럼 결구상추 혹은 통상추라고도 한다. 유럽에서 주로 재배하는 품종은 버터헤드(Butter head)로 반결구이다. 버터헤드는 잎 가장자리에 물결 모양이 없으며 90%가 수분이다. 현재 많이 생산·재배되는 종류는 크리습헤드(Crisphead)로 잎 가장자리가 패인 모양이며 물결 모양이다. 찬 성질을 가지고 있으며 비타민 A, C, E가 풍부하다. 쓴맛이 나는데 이것은 락투세린과 락투신이라는 아칼로이드 때문이다. 최면이나 진통 효과가 있어 많이 섭취할 경우 졸음이 올 수 있다. 우리나라에서는 주로 생으로 먹어 아삭한 맛을 즐긴다. 중국에서는 볶거나 데쳐서 요리하는 채소볶음 요리에 널리 이용한다.

12. 물냉이(Watercress)

유럽이 원산지인 다년초이다. 서양 요리, 특히 스테이크에 자주 들어가는 채소로 우리나라에서는 물냉이라고 하고 크레송, 후추풀이라고도 부른다. 톡 쏘는 매운맛과 쌉쌀한 맛이 좋아 육류를 섭취한 다음 입가심하기 좋다. 단백질, 칼슘, 비타민 등이 함유된 영양가가 많은 채소이다. 우리의 피와 눈을 맑게 하며 니코틴을 해독하는 데에도 도움을 준다. 주로 생으로 먹으며 샐러드, 스테이크에 곁들이거나 생선요리에도 사용되며 겉절이로도 무쳐 먹을 수 있다.

13. 파프리카(Paprika)

유럽산 고추로 헝가리에서 많이 재배되어 헝가리 고추라고도 부르며 피멘타, 피멘토라고도 한다. 파프리카는 맵지 않은 것, 매운 것과 약간 매운 것이 모두 존재한다. 적색, 노랑, 주황색, 보라, 녹색 등 다양한 색깔을 띠며 오렌지의 4배에 가까운 비타민 C를 함유하고 있다. 우리나라에서는 샐러드용으로 많이 사용되며 각종 음식에 첨가하는 등 그 용도가 다양하다. 샐러드드레싱이나 육류, 생선 등의 수프, 채소요리, 칠리소스, 케첩 등의 조미료를 만드는 데 이용한다.

14. 팽이버섯(Winter Mushroom)

자연계에 널리 분포되어 있으며 팽나무버섯이라고도 한다. 야생의 팽이버섯은 밤색의 갓과 황갈색의 대를 갖고 있다. 현재 우리가 식용하는 흰색 팽이는 품종을 개량한 것이다. 팽이버섯은 단백질이 풍부하며 피부 형성에 도움을 주고 노화 방지와 피부의 탄력을 더하는 기능도 한다. 또한 다이어트에 좋은 식품으로 열량이 낮고 혈관의 노폐물을 배출하는 효과가 있다.

15. 그린올리브(Green Olive)

원산지는 터키로 기원전 3000년부터 재배되어 지중해 연안으로 전파되었다. 주요 생산국은 이탈리아, 그리스, 스페인 등이며 미국이나 브라질 역시 최대 생산국에 속한다. 그린올리브의 열매는 타원형이고 완전히 익으면 블랙올리브가 된다. 올리브 과육에서 기름을 짜면 올리브유가 된다. 불포화지방산이 풍부하고 노화 예방, 콜레스테롤 분해 등 암 발병률을 크게 낮춘다는 연구도 발표되었다. 토마토소스와의 궁합이 좋으며 빵과 함께 부르스케타(Bruschetta)처럼 만들어 먹는다. 피자에 토핑으로 올리거나 샐러드에도 넣어 먹는다.

16. 양송이(Mushroom)

담자균류 주름버섯과의 버섯으로 서양송이라고도 불린다. 처음에는 표면이 흰색이지만 나중에는 담황갈색을 띤다. 저열량 고단백 식품으로 인정받고 있는 양송이는 성인병과 항암 효과, 콜레스테롤 제거 효능을 가지고 있다. 양송이는 향기가 은은하고 육류나 생선, 샐러드와도 잘 어울리는 식재료이다.

17. 양배추(Cabbage)

영국과 유럽의 바다 근처에서 야생배추가 재배되면서 개량한 것으로 추정된다. 풍부한 식이섬유는 유해산소의 산화를 억제하고 발암 성분의 활성을 억제하는 효과가 있다. 다른 채소와 과일을 섞어 샐러드로 먹거나 익혀서 쌈으로 먹는다.

18. 완두콩(Green Peas)

덜 익은 꼬투리 품종과 날콩의 품종 완숙용 3가지가 있다. 우리가 먹는 완두는 풋콩이며 완두의 꼬투리에는 비타민 C와 카로틴, 알콩에는 리아신 등 아미노산이 풍부하다. 식물성 섬유가 많고 영양소를 균형 있게 섭취할 수 있게 해 준다. 다른 콩에 들어 있지 않은 비타민 A가 풍부하여 야맹증 치료나 피부 미용에 효과가 좋다. 샐러드나 앙금을 만들어 먹거나 수프를 만들어 먹는다. 알콩은 냉동이나 통조림으로 가공하여 사용되며 잎과 줄기는 가축의 사료로 사용한다.

19. 레몬(Lemon)

주요 생산지는 미국 캘리포니아와 이탈리아 지중해 연안에서 많이 재배되며 품질도 우수하다. 성분으로는 구연산, 레몬기름, 펙틴 등이 있다. 레몬즙은 타르트(Tarte), 미국식 레몬머랭파이(Lemon Meringue Pie) 등 후식의 재료로 쓰인다. 또한 가금류, 생선, 채소 요리의 맛을 높이는 데 사용한다. 레몬과 설탕, 물 등을 섞어 레모네이드를 만들기도 한다.

20. 오이피클(Cucumber Pickle)

오이를 이용하여 담그는 피클로 만드는 방법은 다음과 같다. 달콤한 스위트피클은 오이에 식초, 설탕, 소금, 월계수잎을 넣어서 끓인 식초물을 붓고 4~5일 정도 두어서 만든다. 딜피클은 오이에 딜, 마늘, 고추, 후추를 넣고 끓인 소금물을 붓고 눌러 담는다. 오이는 콜라겐(Collagen) 성분을 함유하여 노화를 방지하고 혈관을 튼튼하게 한다. 대개 육류나 피자, 파스타와 함께 먹거나 햄버거샌드위치 속에 넣어서 먹는다. 사우전드아일랜드드레싱이나 타르타르소스에 다져 넣기도 한다.

STEP 3 합격을 완성하는 기본 조리용어

1 **쥘리엔느(Julienne)** 길이 0.3×0.3×5cm의 성냥개비 모양으로 썬다.

2 **바토네(Batonnet)** 크기 0.6×0.6×5~6cm의 막대 모양으로 썬다.

3 **시포나드(Chiffonade)** 실처럼 가늘게 채 썬다.

4 **스몰다이스(Small Dice)** 크기 0.6×0.6×0.6cm의 주사위형 정육면체 모양으로 썬다.

5 **미디엄다이스(Medium Dice)** 크기 1.2×1.2×1.2cm의 주사위형 정육면체 모양으로 썬다.

6 **라지다이스(Large Dice)** 크기 2×2×2cm의 주사위형 정육면체 모양으로 썬다.

7 **브뤼누아즈(Brunoise)** 크기 0.3×0.3×0.3cm의 주사위형 작은 사각형 모양으로 썬다.

8 **페이잔느(Paysanne)** 크기 1.2×1.2×0.3cm의 납작한 네모 형태로 만든다. 직육면체이며 채소수프에 들어간다.

9 **큐브(Cube)** 크기 1.5×1.5×1.5cm의 주사위 모양으로 썬다.

10 **콩카세(Concasse)** 토마토에서 껍질과 씨를 제거하고 0.5cm 크기의 정사각형으로 썬다.

11 **찹(Chop)** 0.2×0.2×0.2cm 크기의 정육면체 모양으로 썬다.

12 **민스(Mince)** 채소나 고기를 다지거나 으깬다.

13 **파리지앵(Parisienne)** 채소나 과일을 둥근 구슬 모양으로 파낸다.

14 **샤토(Chatean)** 길이 4~5cm의 와인을 담는 오크통 모양으로 깎아 다듬는다.

15 **올리베트(Olivette)** 샤토 모양과 비슷한 형태로 럭비공 모양으로 깎아 낸다.

16 **비취(Vichy)** 당근을 동그랗게 썰어 양쪽 각진 가장자리를 비행접시 모양으로 돌려 깎는다.

17 **웨지(Wedge)** 레몬이나 감자 등을 반달 모양으로 써는 것을 말한다.

18 **롱델(Rondelle)** 둥근 야채를 두께 0.4~1cm로 자른다.

19 **마세도앙(Macedoine)** 1.2×1.2×1.2cm로 자른 주사위 모양으로 과일샐러드를 만들 때 사용한다.

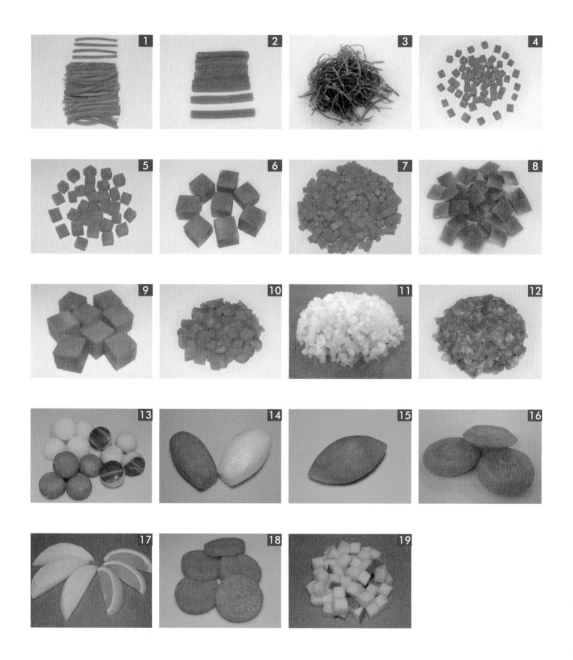

CHAPTER 1

양식조리의 이해

🫖 서양 요리의 개요와 정의

서양 요리란 동양 음식과 비교되는 유럽 전체의 음식으로 정의할 수 있다. 대개 귀족적이며 화려함을 갖춘 궁정 요리에 한정되어 있었다. 지역에 따라 각색의 요리법이 여러 전통과 함께 다양한 형태로 발전되어 왔다.

서양 요리의 중심은 프랑스 요리이다. 국제적인 연회가 있을 때는 프랑스풍의 요리법을 사용하고 메뉴 구성 역시 프랑스어로 작성된다. 서양 요리의 공통적인 특징은 육류나 버터 등 유지방을 주재료로 사용하고 향신료나 허브 등을 많이 이용하여 조리한다는 것이다.

본래 프랑스 요리는 고대 로마 요리에서 전해 내려온 것으로 프랑스의 오를레앙 공작(Le duc d'Orleans)이 이탈리아의 캐서린 메디치(Catherine de'Medici)와 결혼하면서 메디치가와 함께 실력 있는 이탈리아 조리사들과 제빵 전문가들이 프랑스로 들어오게 되었다. 프랑스 요리사들이 이들에게 요리를 배우면서 프랑스의 역사와 함께 지역적인 전통 조리 방법이 발전하였다. 그들은 예술의 미를 바탕으로 이탈리아 요리를 프랑스풍으로 발전시켰다. 또한 프랑스는 독일, 스위스, 스페인과 가까워서 문화 교류와 함께 다양한 식자재, 유제품과 와인을 사용하게 되었다. 요리가 발전하기에 최적의 요건을 갖추고 있던 것이다. 이러한 이유로 프랑스 요리는 서양 요리의 중심으로 자리 잡았다.

우리나라에 서양 요리가 들어오게 된 것은 1900년대 서울 손탁호텔에서 서양식 레스토랑을 개업하면서부터이다. 이것이 서양 요리의 시초가 되면서 각종 국제적인 행사와 교류를 통해 발전하기 시작했다. 오늘날 서양 요리는 시대의 흐름을 이해하는 사람들의 손에서 무궁무진한 아이디어를 바탕으로 발전하고 있다.

🫖 서양 요리의 조리 방법

1) 건열식 조리 방법(Dry-Heat Cooking Methods)

(1) 베이킹(Baking)
밀폐 공간에서 뜨겁고 건조한 공기를 식품에 가열하는 건열식 조리 방법이다. 주로 빵이나 생선, 과일, 채소요리에 사용된다.

(2) 로스팅(Roasting)
밀폐된 공간에서 고온 건조한 공기가 가열한다. 주로 육류나 가금류 등 큰 덩어리를 넣고 직접 열을 가하여 익히는 조리 방법이다.

(3) 브로일링(Broiling)

'굽기'라고도 부르며 직접 불 위에 석쇠를 올려 직화로 익히는 건열식 조리 방법이다. 그릴링 (Grilling)은 식재료의 아랫부분 열원으로 복사되는 간접적인 열로 가열된 보통 철판 위에서 익혀 조리하는 방법이다.

(4) 소테잉(Sauteing)

팬을 뜨겁게 가열해 소량의 기름으로 식재료를 고온에서 순간에 재빨리 익혀 조리하는 방법이다.

(5) 프라잉(Frying)

흔히 튀기기라고도 하며 기름을 가열하여 식재료를 튀기는 방법이다.

- 스터프라잉(Stir-frying): 소테와 같은 방법으로 중국 요리를 할 때 고온으로 소량의 기름을 첨가하여 재빨리 볶아내는 방법이다.
- 팬프라잉(Pan-frying): 기름을 팬에 중간 정도 넣고 얕은 기름으로 재료를 튀기는 방법이다.
- 딥프라잉(Deep-frying): 많은 양의 기름을 가열해 식재료를 튀기는 조리 방법이다. 튀김이나 돈가스 등을 튀길 때 사용한다.

2) 습열식 조리 방법(Moist-heat Cooking Methods)

(1) 블랜칭(Blanching)

데치기라고도 하며 끓는 물이나 뜨거운 기름에 간단히 익히는 조리 방법이다. 토마토 껍질을 연하게 만들어 벗기거나 채소의 색과 향을 보유하기 위해 사용된다.

(2) 포칭(Poaching)

70~82℃의 물이 대류하는 현상을 통해 전달되는 열을 이용하여 재료를 물에 완전히 잠기거나 끼얹으며 익히는 조리 방법이다. 생선을 이용한 부용(Bouillon)과 달걀요리에 사용한다.

(3) 보일링(Boiling)

100℃ 정도의 뜨거운 물에서 식재료를 삶는 방법이다. 파스타나 감자, 달걀을 삶을 때 사용하는 조리방법이다.

(4) 심머링(Simmering)

85~95℃ 정도의 비등점 이하 액체에서 약하고 은근하게 끓이는 조리 방법이다. 주로 향미가 좋은 스톡이나 소스 등을 만들 때 사용한다.

(5) 스티밍(Steaming)

고압의 증기 즉, 스팀에 식재료를 직접 찌는 조리 방법이다. 식재료의 모양, 향미, 비타민 등을 파괴하지 않고 보유할 수 있다.

(6) 글레이징(Glazing)

설탕, 버터, 육즙, 액체 등을 농축시켜 식재료에 코팅해서 윤기 나게 익히는 조리법이다(예: 허니글레이즈드 치킨윙, 당근샤토, 버터감자조림).

3) 혼합 조리 방법(Combination Cooking Methods)

(1) 브레이징(Braising)

적은 양의 기름에 고온에서 식재료 표면을 갈변되도록 구운 후, 약간 깊은 솥에서 적은 양의 수분을 넣고 뚜껑을 덮어 오븐에서 천천히 은근하게 익히는 조리 방법이다. 육류나 가금류를 조리할 때 사용한다.

(2) 스튜잉(Stewing)

육류나, 채소 등을 크게 썰어 볶은 후 육수가 식재료에 잠길 정도로 넣은 후 오랜 시간 은근하게 끓여 걸쭉하게 만드는 조리 방법이다. 육류의 거친 부위를 부드럽게 만들거나 식재료의 향미를 더하는 역할을 한다. 스튜잉을 이용하는 음식으로는 비프스튜 등이 있다.

(3) 푸왈레(Poeler)

오븐 온도를 조절해 가면서 양이 많은 버터 속에서 육류 가금류를 조리한다. 육류에 소스를 계속 뿌려 주면서 익히는 방법으로 조리 시 뚜껑을 덮어야 한다.

4) 기타 조리 방법

(1) 휘핑(Whipping)

거품기나 전기믹서를 이용하여 공기를 주입시켜 부피를 늘리기 위해 재빨리 한쪽으로 저어 주는 혼합 방법이다. 생크림, 달걀흰자 거품 내기 등에 이용하는 조리 방법이다.

(2) 트리밍(Trimming)

식재료를 조리하기 전에 육류의 지방, 막, 심줄 등 사용하지 못하는 부위를 제거하는 조리 방법이다.

(3) 필링(Peeling)

감자, 당근, 생강 등의 식재료의 껍질을 칼이나 필러로 제거하는 조리 방법이다.

(4) 시즈닝(Seasoning)

육류나 가금류에 자연스러운 향미를 주기 위하여 소금이나, 후추, 허브, 향료 등을 첨가하는 양념 법이다.

(5) 그레이팅(Grating)

큰 조각의 식재료를 거친 표면을 가진 강판에 갈아서 작은 입자나 가루, 얇은 조각 등으로 만드는 조리 방법이다.

🫖 서양 요리의 기초 조리

1) 스톡

스톡(Stocks, 육수)은 요리의 맛을 결정짓는 중요한 요소이므로 소스, 수프, 스튜 등 좋은 맛과 농도를 위해 제조 과정에서부터 신경 써서 만들어야 한다. 육수는 고기뼈와 생선뼈를 이용한다. 고기나 생선의 부산물로 사용될 수 있으며, 특히 관절뼈·등뼈·목뼈 등의 뼈가 육수를 만들기에 좋은 재료들이다.

스톡은 요리의 맛을 결정짓는 감초 역할을 하므로 소스(sauce), 수프(soup) 등 모든 요리에 적용할 수 있는 서양 요리에서 가장 중요한 기본이자 요리의 시작이다. 스톡을 만들기 전에 주의하여야 할 사항은 다음과 같다.

- 육수를 제조할 때 뼈가 스톡의 품질을 떨어뜨릴 수 있기 때문에 뼈의 핏물과 불순물 제거를 위해 흐르는 물에서 핏물을 충분히 뺀다.
- 재료에 들어 있는 영양소나 맛, 향 등의 성분을 잘 용해하기 위해서는 처음부터 찬물을 붓고 끓여야 한다.
- 육수를 만드는 데 사용되는 용기는 넓은 것보다 깊은 것을 사용한다.
- 육수를 끓일 때 생성되는 거품과 떠오르는 지방 등의 불순물은 수시로 제거해야 육수가 맑아지고 나쁜 냄새가 제거된다.

- 육수는 만드는 방법에 따라 알맞은 향을 지닌 부케가르니(향초주머니)를 첨가한다.
- 육수는 적절한 온도에서 서서히 끓여 맛과 영양소가 용출되게 해야 맑은 육수를 얻을 수 있다.

(1) 스톡의 구성 요소

스톡의 종류에는 화이트스톡과 브라운스톡, 피시스톡, 채소스톡이 있다. 스톡을 만들기 위해 사용되는 재료로는 가장 기본이 되는 뼈와 생선, 맛을 내기 위한 채소인 미르포아, 그리고 물이 있다.

(2) 스톡 만들기

스톡은 소스와 수프의 맛과 질을 결정한다. 스톡을 만드는 데 사용되는 뼈는 작게 잘라서 사용한다. 스톡은 은근하게 불을 조정하여 끓이며 뚜껑을 덮지 않는다. 위에 뜨는 기름과 불순물(거품)을 수시로 제거한다. 6시간 정도 끓인 육수는 고운 체나 소창으로 걸러 낸다. 완성된 스톡은 변질을 방지하기 위하여 차가운 물에 빠르게 냉각시켜 뚜껑을 덮고 냉장 보관한다.

(3) 스톡의 조리 시간

화이트스톡(비프)	8~10시간
화이트, 브라운스톡(송아지, 야생)	6~8시간
가금류스톡	3~4시간
피시스톡	30~45분
채소스톡	1시간

(4) 스톡의 종류와 조리 방법

① 화이트스톡

화이트스톡(White Stock)은 가장 기본이 되는 스톡으로 닭뼈, 소뼈, 송아지뼈를 채소와 기본적인 양념으로 끓인 것이다. 음식의 변화를 주지 않게 짙은 색을 내지 않고 기본적인 맛만 우려낸 것이다. 요리 목적에 따라 진하게 또는 연하게 만들고 다양한 뼈를 이용할 수 있다.

화이트스톡 만들기

1. 닭뼈를 흐르는 찬물에 씻고 적당한 크기의 육수 냄비에 넣는다.
2. 서서히 끓이면서 물 위 표면에 뜨는 기름, 거품과 불순물을 걷어 낸다.
3. 4시간 정도 낮은 온도에서 끓인다.
4. 미르포아와 향료를 넣고 1시간 정도 더 끓이다가 다시 불순물을 걷어 내고 서서히 끓인다.
5. 육수가 우러나면 체나, 소창에 거른다.
6. 빠르게 냉각시켜서 차갑게 보관하면서 사용한다.

② 브라운스톡

브라운스톡(Brown Stock)은 뼈와 채소를 사용한다. 이 재료들을 오븐에 짙은 갈색으로 구워 색을 낸 다음 물을 부어 낮은 불에서 은근하게 장시간 우려낸 국물로 갈색을 띤다.

브라운스톡 만들기

1. 소뼈를 오븐에서 갈색으로 굽는다.
2. 미르포아, 허브 등을 준비한다.
3. 소스포트에 구운 소뼈, 허브를 담고 찬물을 붓는다.
4. 당근, 양파, 셀러리를 작게 잘라 뜨거운 팬에서 갈색으로 볶으면서 토마토페이스트를 넣고 볶아 신맛을 제거한 후 3에 넣는다.
5. 끓는 동안 떠오르는 기름, 거품, 불순물 등을 제거한다.
6. 불을 약중불로 줄이고 은근하게 끓인다.
7. 뼈와 나머지 건더기를 건져내고 고운 차이나캡으로 거른다.
8. 찬물(얼음물)에 냉각시켜 냉장고에 넣어 보관하면서 사용한다.

③ 피시스톡

피시스톡(Fish Stock)은 생선뼈와 가재, 게 등의 껍질을 이용하여 만든다. 피시스톡의 경우 육류뼈와 같이 생선뼈를 데쳐 사용하지 않는다. 그 이유는 생선과 갑각류의 향들이 빠져 버리기 때문에 깨끗하게 씻은 후 40분 정도만 짧게 끓여 맛과 향이 우러나올 수 있도록 한다.

피시스톡 만들기

1 스톡냄비에 약간의 버터를 넣고 미르포아와 생선뼈, 갑각류 껍질 등을 넣고 색이 나지 않게 볶는다.

2 물, 화이트와인을 넣고 약불에 은근히 끓인다.

3 뚜껑을 열고 40분 정도 끓이면서 중간중간 거품과 떠오르는 불순물을 걷어 낸다.

4 40분 동안 끓인 후 체나 소창에 걸러 낸다.

5 차가운 물에 냉각시켜 냉장고에 보관 후 사용한다.

④ 채소스톡

채소스톡(Vegetable Stock)은 채소와 향신료만 사용하여 만든다. 향신료를 과하게 사용하면 자칫 채소스톡 본연의 풍미가 나지 않을 수 있으므로 적당한 향료를 사용한다. 채소는 대파, 토마토, 버섯, 양파, 마늘, 양배추 등을 이용한다.

채소스톡 만들기

1 적당한 크기의 스톡포트에 양파, 대파, 토마토, 양배추, 당근, 셀러리, 버섯, 마늘, 향신료를 넣는다.

2 찬물을 붓고 끓인다.

3 약한 불에서 끓이고 불순물, 거품 등을 걷어 낸다.

4 1시간 정도 끓여 체에 걸러 내고, 급냉각시켜 식힌다.

2) 소스

소스(Sauce)의 어원은 고대 라틴어 'Salus'에서 유래되었다. 이것이 '소금을 첨가한다.'라는 뜻의 'Sahed'로 발전하면서 'Sauce'라는 말이 전해진 것으로 추측된다. 소스는 서양 음식에서 맛이나 영양적인 면과 요리의 색깔을 더 좋게 만들기 위해 음식에 넣거나 요리 위에 끼얹는 액체 상태 즉, 반유동적 형태의 것을 총칭한다.

스톡에 여러 가지 육류, 뼈, 채소, 향신료를 넣고 풍미가 나게 한 뒤 농후제로 농도(걸쭉한 형태)를 조절하여 음식에 뿌려 낸다. 풍미가 있는 소스를 만들 때 가장 중요한 것은 기본적으로 육수이다. 즉, 스톡이 좋아야 소스가 좋다.

소스를 사용하는 목적은 음식의 맛과 영양, 색깔 등을 높여주며 요리의 부드러운 감촉과 맛의 농후함이 느껴지도록 하고 너무 요리 주재료의 기본 맛을 압도할 정도로 진해서는 안 된다. 소스는 다양한 제조법이 존재하며 맛이나 농도의 묽기에 따라 방법에 다소 차이가 있다.

소스는 크게 더운 소스와 차가운 소스로 나누어지며 이 2가지 소스가 기본이 되어 다양한 소스로 구분된다. 갈색 소스와 흰색 소스를 응용하면 여러 가지 파생 소스를 만들 수 있다.

모든 갈색 소스를 만드는 대표적인 소스는 에스파뇰소스를 바탕으로 응용되어 만들어진다. 하지만 오늘날에는 송아지를 이용한 육즙소스와 팬소스 등 브라운스톡을 졸인 소스도 사용한다. 다양한 식재료와 특제 양념을 첨가함으로써 다양하고 새로운 맛을 응용하여 새로운 파생 소스를 만들어 낼 수 있다.

소스는 은근히 가열하거나 농축하면 맛과 풍미를 더욱 진하게 느낄 수 있다. 소스 만들기는 요리사의 능력을 시험하는 방법이기도 하다. 각자 생각한 요리나 식재료와 잘 어우러지는 완벽한 소스를 만드는 것은 조리사의 기술과 숙련도를 보여 주는 척도가 된다. 조리사는 소스 만들기를 통해 음식을 이해하고 향, 풍미, 질감, 색깔을 평가하고 판단하는 능력을 갖추게 된다.

(1) 소스의 구성 요소

① 스톡

소스를 만들 때 소스의 맛을 좌우하는 기본이 되는 요소가 바로 스톡(Stock)이다. 스톡은 쇠고기, 닭고기, 생선, 채소 등을 사용하여 재료의 본연의 맛을 낸 육수(국물)로써 본래의 깊은 맛과 풍미가 나도록 만들어져야 한다. 또한 이 스톡을 상하지 않게 관리하여 다른 물질이나 향이 스며들지 않도록 신경 써야 한다. 스톡의 종류에는 브라운스톡(Brown Stock), 화이트스톡(White Stock), 피시스톡(Fish Stock), 푸메(Fumet), 쿠르부용(Court Bouillon) 등이 있다.

② 농후제

농후제(Thickening Agents)란 액체의 농도, 즉 소스와 수프를 진하고 풍부하게 하고 약간 걸쭉하게 하는 것을 말한다. 예를 들면, 달걀노른자와 크림의 혼합물인 리에종(Liaison), 밀가루와 버터를 말랑하게 멜트화하여 혼합한 베르마니에(Beurre Manie), 버터를 녹인 후 밀가루를 넣어 볶으면서 화이트와 브론드, 브라운 등 여러 색으로 만드는 루(Roux)가 있다.

- 화이트루(White Roux): 베샤멜소스와 크림소스, 크림수프 등에 사용한다.

  #### 베샤멜소스(Bechamel Sauce)
  색이 나지 않게 루를 볶은 후 우유와 넛맥 향료를 첨가하여 만든다. 우유에 루를 넣었을 때 덩어리가 생기지 않도록 휘퍼로 완전히 풀어 농도를 조절하여 약불에 은근히 끓이면서 완성한다. 프랑스 소스 중 제일 처음 모체소스로 사용되었다. 이 소스의 명칭은 프랑스 황제 루이 14세 시절 집사로 일했던 루이스 베샤멜(Louis De Bechamel)의 이름에서 유래되었다.

- 브론드루(Blond Roux): 토마토소스나 아메리칸소스에 사용한다.

  #### 아메리칸소스(American Sauce)
  버터, 토마토, 마늘, 화이트와인과 바닷가재, 새우, 꽃게 등 갑각류로 조리하는 적색 소스로서 생선 소스의 대표격이다.

- 브라운루(Brown Roux): 에스파뇰소스와 데미글라스소스에 사용한다.

에스파뇰소스(Espagnole Sauce)

브라운소스 중의 대표로 오랜 시간 끓여 맛과 풍미를 깊게 느낄 수 있다. 육류에 사용되며, 파생되어 육류요리와 어울리는 광범위한 소스군을 형성한다.

(2) 소스의 종류와 조리 방법

① 베샤멜소스

- 첫째, 소스팬에 버터를 넣어 녹인 후 양파 다진 것을 넣고 볶아 준다. 단, 색깔이 나지 않게 볶는다.
- 둘째, 밀가루를 넣고 색이 나지 않게 볶는다. 밀가루 냄새가 나지 않을 때까지 약불에 볶는다.
- 셋째, 우유를 3~4번 나누어 넣고 휘퍼(거품기)로 천천히 풀어 준다. 바닥에 눌어붙지 않게 잘 저어 준다.
- 넷째, 약간의 넛맥, 통후추 등 향신료를 넣는다.
- 다섯째, 은근히 끓인 후 고운 체나 소창에 거른 후 차갑게 식혀 사용한다.

베샤멜소스에서 파생되는 소스

1. 크림소스(Cream Sauce): 베샤멜소스와 끓여서 식힌 크림을 넣고 레몬주스를 약간 넣는다.
2. 모르네소스(Mornay Sauce): 베샤멜소스와 그레이어치즈, 파르메산치즈, 크림, 버터를 섞는다.
3. 낭투아소스(Nantua Sauce): 베샤멜소스와 생크림, 갑각류에서 추출한 버터, 파프리카를 넣는다.

② 벨루테소스

- 첫째, 소스 냄비에 버터를 녹인 후 밀가루를 섞어 색이 나지 않게 볶는다.
- 둘째, 스톡을 3~4번 정도 나누어 넣고 휘퍼(거품기)를 이용하여 잘 풀어 준다.
- 셋째, 향신료 주머니를 넣고 굳지 않게 저어 주면서 은근하게 끓인 후 체에 걸러 사용한다.

벨루테소스에서 파생되는 소스
1. 생선 벨루테 파생 소스

① 베르시소스(Bercy Sauce): 버터에 다진 샬럿이나 양파를 볶는다. 화이트와인을 넣고 반으로 졸인 다음 갈색소스와 레몬주스를 첨가한다.
② 카디날소스(Cardinal Sauce): 베샤멜소스에 피시스톡, 아메리칸소스, 파프리카, 샤프란, 레몬주스를 첨가한다. 이 소스는 남투스(Nantus)라고도 부른다. 생선 포셰(Poche) 요리와 달걀 요리에 사용한다.
③ 노르망디소스(Normandy Sauce): 생선 벨루테소스에 피시스톡을 넣고 생크림, 노른자를 섞어 농후제로 사용

하고 레몬주스, 소금, 후추로 맛을 낸다. 마무리 과정에서 버터를 넣고 고루 저어서 사용한다. 이 소스에 굴, 새우, 버섯 등을 섞기도 한다.

2. 화이트 벨루테(치킨, 송아지) 파생 소스

① 알망데 파생 소스(리에종 사용)

- 오로라소스(Aurora Sauce): 슈프림소스에 토마토페이스트 또는 토마토 퓨레를 넣어 핑크빛을 낸다. 토마토소스가 아니므로 토마토 향이나 색이 강하게 나지 않게 하고 색이 진하면 생크림으로 색을 조절한다.
- 머시룸소스(Mushroom Sauce): 알망데소스에 양송이, 레몬주스를 첨가한다.

② 화이트 · 벨루테 파생 소스(치킨, 송아지), 슈프림소스 파생 소스

- 헝가리안소스(Hungarian Sauce): 슈프림소스에 양파찹(Chop), 파프리카, 버터를 첨가한다.
- 아이보리소스(Ivory Sauce): 슈프림소스에 그라스비안소스를 섞는다.
- 알부페라소스(Albufera Sauce): 슈프림소스에 그라스비안소스와 고추 향을 낸 버터를 첨가한다.

③ 브라운소스(Brown Sauce)

- 미르포아를 갈색으로 볶은 후 토마토페이스트를 넣고 타지 않게 볶는다.
- 타지 않게 볶은 브라운소스에 브라운스톡을 넣어 준다.
- 충분히 우러나면 고운 체나 소창에 거른 후 차갑게 냉각시켜 냉장 보관한다.

브라운소스에서 파생되는 소스

1. 레드와인소스 (Red Wine Sauce): 버터에 샬럿 또는 양파 다진 것을 볶고 레드와인, 데미글라스소스를 첨가한다.
2. 마데라포트와인소스(Madeira Port Wine Sauce): 데미글라스소스에 포트와인, 마데라와인을 첨가한다.
3. 샤토브리앙소스(Chateaubrian Sauce): 버터, 샬럿 다진 것, 타라곤, 화이트와인, 레몬주스, 데미글라스소스, 후추를 혼합한다.
4. 머시룸소스(Mushroom Sauce): 버터, 버섯 슬라이스, 레몬주스와 버섯물, 데미글라스소스를 혼합한다.
5. 트러플소스(Periguenx Sauce): 송로버섯을 다져 넣고 버터, 코냑을 넣어 후람베마데라와인을 첨가한다.
6. 로베르소스(Robert Sauce): 다진 양파 버터에 볶고, 화이트와인, 데미글라스, 겨자를 첨가한다.
7. 부르귀뇽소스(Borgund Sauce): 버터, 양파 볶고, 버섯 첨가, 레드와인, 브라운소스, 향신료, 고춧가루를 첨가한다.
8. 비가라드소스(Bigarade Sauce): 설탕을 팬에 달구어 연한 캐러멜을 만든다. 식초, 잼을 첨가한다. 오렌지주스, 코냑, 브랜디로 후남베, 갈색소스, 오렌지제스트를 첨가한다.

④ 토마토소스

- 첫째, 올리브오일에 다진 양파를 연한 갈색이 나게 소테한다.
- 둘째, 토마토크러시(으깬 것), 토마토페이스트를 넣고 볶으면서 스톡을 붓고 끓여 준다.
- 셋째, 약중불에 은근히 끓인 뒤 거르거나 갈아 낸다.

토마토소스에서 파생되는 소스

1. 나폴리탄소스(Napolitan Sauce): 버터, 마늘, 햄 소테 후 토마토, 토마토소스를 넣고 끓인다.
2. 볼로네이즈소스(Bolonaise Sauce): 올리브오일, 쇠고기 간 것을 볶는다. 양파, 당근, 셀러리, 마늘을 소테한 후 토마토페이스트, 비프스톡을 첨가한다.
3. 프로방샬소스(Provencale Sauce): 버터, 양파 다진 것, 마늘 다진 것을 소테한 후 화이트와인, 토마토페이스트를 첨가한다. 갈색 소스, 양송이버섯을 첨가한다.
4. 피자소스(Pizza Sauce): 올리브유, 양파, 마늘, 토마토페이스트를 첨가한다.
5. 클레올소스(Creole Sauce): 양파, 마늘, 토마토소스, 비프스톡, 버섯 버터, 적후추, 초록후추를 첨가한다.

⑤ 홀란데이즈소스

• 첫째, 달걀노른자, 물, 와인 졸린 것 넣고 잘 풀어 준다.

• 둘째, 달걀이 크림화되면 정제 버터를 조금씩 넣어 가며 거품기로 올린다(65℃).

• 셋째, 레몬주스나 카옌페퍼를 첨가한다(화이트와인에 양파, 월계수 잎. 통후추, 파슬리 줄기, 식초를 넣고 졸인다.).

홀란데이즈소스에서 파생되는 소스

1. 무슬린소스(Mousseline Sauce): 홀란데이즈소스에 크림화된 생크림, 레몬주스를 첨가한다.
2. 말테이스소스(Maltase Sauce): 홀란데이즈소스에 오렌지주스, 오렌지 껍질을 첨가한다.
3. 베어네이즈소스(Bearnaize Sauce): 냄비에 양파, 파슬리 줄기, 타라곤, 통후추, 식초를 첨가 후 졸인다. 달걀노른자에 졸인 것 넣어 중탕시켜 크림화한다. 정제버터를 천천히 첨가하면서 거품기로 올려 준다. 레몬주스, 타라곤, 파슬리 다진 것을 첨가한다.
4. 쇼롱소스(Choron Sauce): 베어네이즈소스에 토마토페이스트를 첨가한다.
5. 라헬소스(Rachel Sauce): 베어네이즈소스에 그라스 비안드소스(갈색소스), 토마토페이스트를 첨가한다.
6. 포요트소스(Foyot Sauce): 베어네이즈소스에 그라스 비안드소스를 첨가한다.

🫖 테이블 세팅 및 식사 순서

테이블 세팅(Table Setting)은 고객이 편안하고 즐거운 식탁 분위기를 연출하여 고객이 만족스러운 식사를 할 수 있도록 테이블을 꾸미는 것이다. 테이블을 세팅할 때에는 다음 그림과 같이 식사 제공에 필요한 기물을 갖추어 효율적인 테이블 서비스를 제공해야 한다.

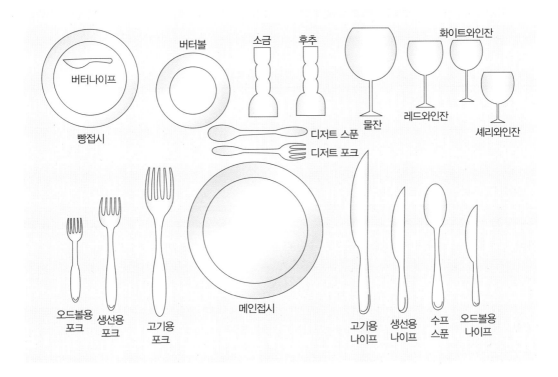

1) 식사 예절

- 식탁을 대하고 의자에 앉을 때에는 의자의 왼편으로 들어가서 앉는다. 의자는 앞으로 당겨 식탁과 가슴 사이의 거리가 10cm 정도 되게 한다.
- 자리에 앉으면 주빈에 따라 냅킨을 무릎 위에 펴 놓는다.
- 왼손으로 포크를 쥐고 오른손으로 나이프를 잡는다. 식사 중에는 포크와 나이프를 접시 가장자리에 여덟 팔자(八)로 걸쳐 놓고, 식사가 끝나면 칼날이 왼쪽으로, 포크의 끝이 위쪽으로 향하게 모아 접시 오른쪽에 가지런하게 놓는다.
- 음식을 먹는 속도는 가능한 한 주빈과 보조를 맞추도록 한다. 너무 빨리 먹거나 늦게 먹지 않는다.
- 식탁에 물을 엎질렀거나 포크 또는 나이프를 떨어뜨렸을 때에는 직접 줍지 않고 웨이터를 불러 처리하게 한다.

2) 식사 순서

(1) 식사 전의 술
위를 적당히 자극하고 식욕을 돋우는 식전 술로, 주로 셰리와인(Sherry Wine)과 드라이버무스(Dry Vermouth)를 사용한다.

(2) 오드블(전채요리)
본 요리를 먹기 전 식욕을 돋우기 위한 목적으로 제공하는 요리로, 한입에 먹을 수 있는 소량을 준비한다. 맛과 향은 물론 계절감과 함께 주요리와의 조화도 고려한다.

(3) 수프와 빵
수프를 먹을 때는 안에서 밖으로 향해서 먹고, 소리가 나지 않도록 주의한다. 다 먹으면 스푼은 접시 안쪽에 둔다. 빵을 칼로 썰어 먹지 않고 손으로 조금씩 떼어 먹으며, 버터 등을 바를 때에는 먹을 만큼만 잘라 바르고 빵이 부스러져도 그냥 둔다.

(4) 생선요리
생선이 뼈째 나왔을 때는 윗면을 다 먹은 후 뼈를 발라내며, 아랫면을 먹고 뒤집어 먹지 않도록 주의한다.

(5) 육류요리
생선요리 이후에 나오는 주요리로서 정찬에서 가장 중요한 요리(앙트레)이다. 레드와인과 함께 먹으면 좋다. 스테이크는 굽는 정도에 따라 레어(Rare)부터 미디엄레어(Medium Rare), 미디엄(Medium), 완전히 익히는 웰던(Welldone)이 있다. 먹을 때는 왼쪽부터 먹기 좋은 크기로 잘라서 먹고, 뼈가 붙어 있는 육류요리는 포크와 나이프로 뼈를 제거해 가면서 먹기도 한다.

(6) 샐러드
채소에 소스를 곁들인 요리로 위에 드레싱을 얹어 먹는다. 대개 육류요리를 먹는 동안 간간이 먹는 요리이다.

(7) 디저트
식사의 마지막 단계에 먹는 음식으로 과자나 케이크, 아이스크림 등이 있으며 단맛과 풍미를 지니고 있어 입안을 개운하게 만든다.

(8) 음료

정찬의 마지막 코스로 주로 커피를 많이 마신다. 때로는 홍차를 마시기도 한다. 음료를 마실 때에는 소리를 내지 말고 조용히 마신다.

🫖 식품의 계량

식품의 계량은 정확한 조리를 위하여 재료의 분량이나 배합을 측정하는 방법으로 고체로 된 것은 중량으로, 분상이나 액상으로 된 것은 부피를 측정한다. 식품을 계량할 때에는 계량하고자 하는 식품의 상태에 따라 적절한 계기를 선택하고, 정확한 계량법을 사용해야 한다.

1) 계량 도구

(1) 계량저울
중량을 측정하는 데 사용한다. 중량은 그램(g), 킬로그램(kg)으로 나타낸다.

(2) 계량컵
부피를 측정하는 데 사용한다. 기본 단위는 200mL이다.

(3) 계량스푼
양념류의 부피를 측정하는 데 사용한다. Ts(Table Spoon), ts(tea spoon)로 나타낸다.

(4) 온도계
음식의 온도 및 기름의 온도를 측정하는 데 사용한다.

2) 계량 방법

(1) 계량스푼
- 액체: 스푼의 가장자리를 넘기지 않을 정도로 담으며, 표면장력에 의해 볼록하게 부풀어 오른 상태로 계량한다.
- 가루: 조미료, 설탕, 녹말가루, 밀가루 등 가루재료를 먼저 스푼 가득 담은 후에 표면을 평평하게 깎아서 계량한다.

(2) 계량컵

- 액체: 액체와 같은 높이에서 계량컵의 눈금을 읽는다.
- 지방: 실온에서 컵에 꼭꼭 눌러 담아 수평으로 깎아서 계량한다.
- 가루: 체에 쳐서 누르거나 흔들지 말고 윗면이 수평이 되도록 깎아서 계량한다.

3) 계량 단위

1Cup = 200mL(200cc, 한국)
1Cup = 240mL(240cc, 미국)
1Table spoon = 1Ts = 15cc
1tea spoon = 1ts = 5cc
1Table Spoon = 3tea spoon

🫖 다양한 조리용어

1) 전채

- 가르니튀르(Garniture): 프랑스식으로 데커레이션 하는 것
- 가르드 망제(Garde Manger): 육류나 생선류 등을 조리하기 위하여 준비하는 주방의 일부 부서
- 거킨(Gerkins): 절인 오이
- 랑구스트(Langouste): 바닷가재
- 아페티(Appetit): 식욕 촉진제
- 위트르(Huirtes): 굴
- 트뤼프(Truffes): 검은 버섯
- 푸아그라(Foie Gras): 거위의 간
- 프로마주(Formage): 치즈
- 피난 하디(Finnan Haddie): 훈제한 대구
- 소몽 휴메(Saumon Fume): 훈제한 연어
- 오르되브르(Hors-d'oeuvres): 식사 순서에서 가장 먼저 제공되는 식욕을 촉진하는 소품 요리
- 카나페(Canape): 한입에 먹을 수 있는 구운 빵조각 위에 여러 종류의 재료를 사용하여 만든 안주
- 캐비어(Caviar): 철갑상어의 알

2) 수프

- 미네스트로네(Minestrone): 이탈리아의 대표적인 수프로서 각종 채소와 베이컨을 넣고 끓이는 수프
- 비르스치(Borsch): 쇠고기와 채소로 만든 수프
- 비스큐(Bisque): 새우, 게, 가재, 닭 등을 끓여 만든 수프
- 어니언 그라탱(Onion Gratin): 양파를 볶아 육수를 붓고 치즈를 곁들여 내는 수프
- 차우더(Chowder): 조개, 새우, 게, 생선류를 끓여 크래커를 곁들여 내는 수프
- 치킨 검보(Chicken Gumbo): 닭, 채소, 쌀, 보리를 육수에 넣어 끓인 수프
- 콩소메 로열(Consomme a La Royle): 달걀을 마름모꼴로 썰어 띄운 것
- 콩소메 브뤼누아즈(Consomme Brunoise): 채소를 주사위 모양으로 잘라 콩소메에 띄운 것
- 콩소메 셀라스틴(Consomme Celestine): 크레페를 구워 좁게 잘라 콩소메에 띄운 것
- 콩소메 쥘리엔느(Consomme Julienne): 채소를 가늘게 썰어 콩소메에 띄운 것
- 콩소메 페이잔느(Consomme Paysanne): 채소를 은행잎 모양으로 잘라 띄운 것
- 콩소메 프린타니에르(Consomme Printanier): 6가지 이상의 채소를 작은 주사위 모양으로 잘라 띄운 것
- 포타주 크레어(Potage Clair): 맑은 수프
- 포타지 리에(Potage Lie): 루(Roux)나 벨루테(Veloute), 밀가루와 버터를 1:1로 볶은 것을 사용하여 걸쭉하게 농도를 맞춘 수프
- 포타지 벨루테(Potage Veloute): 화이트루를 기본으로 하여 여러 종류 스톡(stock)을 넣어 만든 수프
- 포타지 크렘(Potage Creme): 밀가루와 버터를 볶다가 우유나 크림을 넣어 만든 수프
- 포타지 퓨레(Potage Puree): 각종 채소를 익혀 걸러 내고 진하게 만든 수프
- 퐁 드 볼라이유(Fond De Volaille): 닭고기나 닭뼈와 채소를 넣고 물을 붓고 끓여서 맑게 만든 육수. 주로 수프에 많이 사용되는 육수
- 퐁 블런(Fond Brun): 쇠고기, 소뼈, 닭고기, 채소를 사용하여 만든 맑은 부용. 한국의 호텔에서는 주로 수프, 소스의 기본에 사용함
- 퓌메 드 프와송(Fumet De Poisson): 흰생선과 뼈, 양과 셀러리를 잘 볶아서 화이트와인을 넣어 졸이고 찬물을 부어 끓이고 거른 것. 생선수프나 생선소스의 기본

3) 루

- 루 브런(Roux Brun): 차복색의 루. 타지 않도록 주의해야 하며 주로 소스를 만드는 데 많이 사용함

- 루 블랑(Roux Blanc): 밀가루와 버터를 대략 1 : 1 비율로 하고 불 조절을 잘하여 갈색이 되지 않도록 볶은 것. 주로 수프에 많이 사용함
- 루 블론드(Roux Blond): 화이트루보다 조금 더 볶아서 사용함. 약한 차색임

4) 샐러드

- 니농(Ninon): 상추를 1/4로 썰어 담고, 1/4로 썬 오렌지 살부분으로 장식한 다음 오렌지주스, 레몬즙, 소금, 식용유로 양념한 것
- 로레프(Lorette): 콘샐러드, 줄리안으로 썬 셀러리와 무에 초기름 소스를 친 것
- 마농(Manon): 상추잎, 1/4로 썬 왕귤에 레몬즙, 소금, 설탕, 후추, 극소량의 초기름 소스를 친 것
- 마르셰르(Maraichere): 초롱꽃과 식물(raiponce)로 선모의싹, 썬 셀러리 래이브(celeri rave)를 감자와 무로 장식하고 줄로 썬 서양고추냉이를 첨가한 크림겨자소스를 끼얹은 것
- 모나리자(Mona-lisa): 반으로 썬 상추의 속 부분 위에 줄리안으로 썬 사과와 송로를 섞어서 각각 놓고 별도로 소스 그릇에 케첩소스를 조금 넣어 양을 늘린 마요네즈를 담아 서빙함
- 미모사(Mimosa): 반으로 썬 상추의 속부분에 1/4로 썬 오렌지 껍질을 벗기고, 씨를 뺀 포도를 가득 넣고, 얇게 썬 바나나를 곁들여서 크림과 레몬즙을 친 것
- 바가텔(Bagatelle): 줄리안으로 썬 당근과 버섯, 아스파라거스 끝부분에 초기름소스를 넣은 것
- 샤틀레느(Chatelaine): 삶은 달걀, 송로, 아티초크 밑부분, 감자를 얇게 썬 것. 다진 타라곤을 첨가한 초기름 소스를 넣음
- 시포나드(Chiffonnade): 양상추, 로메인, 줄리안으로 썬 셀러리, 가지, 풀상추, 1/4로 썬 토마토, 물냉이, 다진 삶은 달걀, 줄리안으로 썬 무류를 담은 것
- 아이다(Aida): 곱슬곱슬한 풀상추, 정선한 토마토와 얇게 썬 아티초크 밑부분, 줄리안으로 썬 초록색 피망과 얇게 썬 삶은 달걀, 흰자에 굵은 체에 거른 삶은 달걀, 노른자를 뿌려 덮고 나서 겨자를 친 초기름 소스로 양념한 것
- 앤달루스(Andalouse): 1/4로 썬 토마토, 줄리안으로 썬 너무 맵지 않은 피망, 조리ㆍ양념하지 않은 쌀밥, 약간의 마늘, 다진 양파와 파슬리에 초기름 소스를 넣어 양념한 것
- 월도프(Waldorf): 네모나게 썬 셀러리, 사과, 바나나, 1/4로 썬 껍질 벗긴 호두를 담은 샐러드. 소스 그릇에는 동시에 마요네즈를 담음
- 팔로와즈(Paloise): 아스파라거스 끝부분, 1/4로 썬 아티초크, 줄리안으로 썬 셀러리 래이브 (celeri rave)에 겨자친 초기름 소스를 끼얹은 것.
- 플로랑띠느(Florintine): 로메인, 네모나게 썬 셀러리, 가지, 둥글게 썬 초록색 피망, 쓴맛이 우러나도록 삶은 시금치의 줄기, 물냉이잎을 담은 샐러드. 소스 그릇에 초기름 소스를 담음
- 핑티지(Fantisie): 줄리안으로 썬 셀러리, 네모나게 썬 사과, 네모나게 썬 파인애플을 담고, 주

위에는 줄리안으로 썬 상추를 담음

5) 앙트레

- 그라탱(Gratiner): 소스나 체로 친 치즈를 뿌린 후 오븐이나 살라만더에서 구워 표면은 완전히 막으로 덮게 하는 조리 방법
- 그리에(Griller): Boiler를 이용하여 불로 직접 굽는 방법석쇠
- 라구(Ragout): 영어의 스튜
- 라운드스테이크(Round Steak): 소의 허벅지에서 추출한 고기를 구운 스테이크
- 럼스테이크(Rump Steak): 소의 배 부위에서 추출한 고기를 구운 스테이크
- 로티르(Rotir): 주로 큰 덩어리를 익히는 방법으로 오븐에서 기름과 즙을 끼얹으며 굽는 조리 방법
- 리솔레(Rissoles): 날짐승의 내장을 저미고 파이 껍질에 싸서 기름에 튀기는 것
- 마렝고(Marengo): 닭을 잘라서 버터로 튀겨 달걀을 곁들인 요리
- 발뢰르(Vapeur): 수증기로 찜. 육즙이나 생선즙, 와인으로 천천히 끓여 익히는 조리 방법
- 베이네(Beignets): 프리터(Fritter)에 가까운 요리로 튀김 요리와 비슷함
- 부셰(Bouchees): 한입에 먹기 쉽도록 새우, 조개류의 살을 파이에 조미해서 넣은 것
- 부이어(Bouillir): 끓이는 것
- 브레제(Braiser): 질긴 육류를 익히는 방법으로 팬에 미르프와를 깔고 소스나 즙을 이용하여 오랜 시간 오븐에서 천천히 익히는 방법
- 브로셰트(Brochettes): 각종 고기를 주재료로 하여 채소를 사이사이에 끼워서 굽는 석쇠구이
- 블랑셔(Blanchir): 재료를 끓는 물에 넣어 살짝 익힌 후 건져놓거나 찬물에 식히는 방법으로 채소의 쓴맛, 떫은맛을 빼거나 장시간 보존하기 위해 살짝 데치는 것
- 블랑케트(Blanquett): 흰색 스튜로 삶은 송아지 요리
- 블루(Blue): 색깔만 살짝 내고 속은 따뜻하게 하여 자르면 속에서 피가 흐르도록 하여 만드는 방법
- 비엥퀴(Bien Cuit): 속까지 완전히 익히는 것
- 샤토브리앙(Chateaubriand): 필레(Filet)의 가운데 부분을 두껍게 잘라서 굽는 최고급 스테이크
- 설로인스테이크(Sirloin Steak): 소의 허리 등심에서 추출한 고기를 구운 스테이크
- 세뉴앙(Saignant): 블루(Blue)보다 조금 더 익히는 것으로 자르면 피가 보이게 하는 것
- 소테(Sauter): 팬에 버터나 샐러드 오일을 넣고 높은 옆에서 볶아 익히는 방법
- 아 포앙(A Point): 절반 정도를 익히는 것으로 자르면 붉은색이 나타나야 함
- 에투베르(Etuver): 천천히 색이 변하지 않게 찌거나 굽는 것

- 코키유(Coquilles): 조개껍질을 이용하여 여러 가지를 넣어 볶는 것
- 코틀레트(Cotelettes): 고기를 얇게 저며 옷을 입혀 굽는 것. 영어로는 커틀릿(Cutlet)이라고 함
- 퀴(Cuit): 거의 다 익히는 것으로 자르면 가운데 부분이 약간 붉은색을 띠는 것
- 크레피네트(Creinettes): 고기를 저며서 돼지의 내장에 싸서 구운 것으로 순대와 비슷함
- 크로켓(Croquettes): 닭, 날짐승, 생선, 새우 같은 것을 주재료로 하는 것
- 투르네도(Tournedos): 필레의 앞쪽 끝부분을 잘라 내어 굽는 스테이크
- 파르망티에(Parmentier): 감자요리
- 프리르(Frire): 기름에 튀겨 냄
- 프리카세(Fricassee): 주로 날짐승 고기를 사용하여 크림을 넣고 찌는 것
- 프왈레(Poeler): 요리에 소스를 쳐서 뜨거운 오븐이나 살라만더에 넣어 표면을 구운 색깔로 만듦. 당근이나 작은 옥파에 버터, 설탕을 넣어 수분이 없어지도록 익혀 광택이 나게 하는 것
- 필래프(Pilaff): 볶음밥 같은 것으로 쌀에다가 고기 등을 넣어 볶는 것
- 필레미뇽(Filet Mignon): 필레의 꼬리쪽에 해당하는 세모꼴 모양의 부분을 베이컨으로 감아 구워내는 스테이크

6) 기본 조리 용어

- 그라티네이팅(Gratinating): 살라만더나 보일러(Boiiler)를 이용하여 낮은 온도에서 요리 표면에 껍질이 생기도록 하는 조리 방법
- 그리에(Griller): 탄 불이나 가스, 전기 등 불 위에 석쇠를 넣고 굽는 과정
- 글라세(Glacer): 살라만더나 오븐에 넣어서 요리의 색깔을 나게 하는 것 또는 윤택이 나게 하는 조리 방법
- 나페(Napper): 뜨겁거나 차가운 요리에 소스나 젤리를 덮는 것
- 더블 보일링(Double Boiling): 재료를 그릇에 담고 중탕하여 뜨거운 물의 간접 열로 익혀 조리하는 방법
- 데고흐제(Degorger): 생선류나 육류의 피나 잡냄새를 없애기 위해서 유수에 감가 두는 것이나 질러서 피를 나오게 하는 것. 채소류는 소금을 뿌려서 수분을 제거하는 것
- 데그레세(Degraisser): 소스나 수프 등에 기름을 제거하는 것. 고기 등의 기름을 제거하는 것
- 데글라세(Deglacer): 생선 류나 가금류, 육류 등을 볶거나 굽거나 한 후에 냄비에 붙어 있는 즙에 와인이나 코냑 등을 쳐서 소스가 얻어지는 과정 또는 다시 녹이는 과정
- 데레이예(Delayer): 진한 소스에 물, 우유, 와인 등 액체를 넣는 것
- 데브리데(Debrider): 가금이나 야조, 또는 육류 등의 형태를 유지하기 위하여 묶은 실을 제거하는 것

- 데세셰(Dessecher): 건조시킴. 말림. 냄비를 센 불에 달구어 재료에 남아있는 수분을 증발시키는 것
- 데조세(Desosser): 소, 돼지, 닭, 야조 등의 뼈를 발라냄. 뼈를 제거하여 조리하기 쉽게 만든 간단한 상태
- 데캉테(Decanter): 삶아 익힌 고기 등을 마지막 마무리를 위해 건져 놓는 것
- 데푸이에(Depouiller): 이따금 뜬 거품을 걷어내고 지방기를 제거하면서 오랫동안 익히는 것
- 데푸이예(Depouiler): 장기간 천천히 끓일 때 소스의 표면에 떠오르는 거품을 완전히 걷어 내는 것. 토끼나 야수의 껍질을 벗기는 것
- 데필레(Dffiler): 종이 모양으로 얇게 써는 것. 아몬드, 피스타치오 등을 작은 칼로 얇게 써는 것
- 도레(Dorer): 파테 위에 잘 저은 달걀노른자를 솔로 발라서 구울 때에 색이 잘 나도록 하는 것. 금색이 나게 함
- 드레세(Dresser): 접시에 요리를 담음
- 라프레쉬르(Rafraichir): 냉각시키다. 흐르는 물에 빨리 식힘
- 레뒤이르(Reduire): 축소함. 소스나 즙을 농축시키기 위해 끓여서 졸임
- 레디르(Raidir): 모양을 그대로 유지시키기 위해 고기나 재료에 끓고 타는 듯한 기름을 빨리 부어 고기를 뻣뻣하게 함. 표면을 단단하게 함
- 레디위르(Reduire): 소스나 주스를 졸이기 위하여 농도를 내는 것
- 레르베(Relever): 높임. 올림. 향을 진하게 해서 맛을 강하게 하는 것
- 레브닝(Revenir): 찌고 익히기 전에 강하고 뜨거운 기름으로 재료를 볶아 표면을 두껍게 만드는 것
- 뤼스트레(Lustrer): 민물이나 장어 등의 표면에 미끈미끈한 액체를 제거하는 것. 광택이나 윤기를 내는 것
- 르베(Lever): 일으키거나 발효시키는 것. 넙치의 살을 뜰 때 위쪽을 조금 들어 올려서 뜨는 것
- 리모네(Limoner): 파이지나 생지가 발효되어 부풀어 오르는 것. 더러운 것을 씻어 흘려보내는 것. 생선 머리, 뼈 등에 피를 제거하기 위해 흐르는 물에 담그는 것
- 리소레(Rissolersaisir): 센 불로 색깔을 내는 것. 뜨거운 열이 나는 기름으로 재료를 색깔이 나게 볶고 표면을 두껍게 만듦
- 리에(Lier): 소스나 포타주에 소맥분이나 전분, 황란 등을 가하여 농도를 내는 것
- 마리네(Mariner): 향기를 부드럽고 향을 더 나게 하기 위해 액체 속에 담가 놓는 것
- 마스퀘(Masquer): 수프나 소스의 농도를 맞추기 위한 재료에 가면을 씌움. 숨김. 소스 등으로 음식을 덮는 것
- 마이크로웨이브 쿠킹(Microwave Cooking): 전자파를 이용하여 빠른 시간 내에 조리하는 것

- 모르티피에(Mortifier): 고기 등을 연하게 하기 위해 시원한 곳에 수일간 그대로 두는 것
- 뫼니에르(Meuniere): 밀가루에 생선을 묻혀 버터로 구워낸 것
- 무레(Mouler): 틀에 넣음. 각종 준비된 재료들을 틀에 넣고 준비함
- 무이예(Mouiller): 적시다. 축이다. 액체를 가하다. 조리 중에 물, 우유, 즙, 와인 등의 액체를 가하는 것
- 미르포아(Mirepoix): 소소의 기본 구실을 하는 네모나게 썬 양파, 셀러리, 당근
- 미조테(Mijoter): 불에 굽기 전에 요리에 필요한 재료를 냄비에 넣는 것. 약한 불로 천천히 오래 끓임
- 바르데(Barder): 로스트용의 고기와 생선을 얇게 저민 돼지비계로 싸서 조리 중에 마르는 것을 방지함. 지방분을 보충시켜서 맛을 배가시키는 것
- 바르드(Barder): 얇게 저민 돼지비계나 기름으로 쌈
- 바트르(Battre): 때림. 침. 두드림. 달걀흰자를 거품기로 쳐서 올림
- 뵈래(Beurrer): 소스와 수프를 통에 담아 둘 때 표면이 마르지 않게 버터를 뿌림. 버터라이스를 만들 때 기름 종이에 버터를 발라 덮어 줌. 버터를 발라 생선과 채소를 요리하는 방법
- 부케가르니(Bouquet Garni): 타임, 월계수잎, 파슬리 줄기를 셀러리에 묶어서 만든 향신료
- 브랜칭(Blanching): 적은 양의 재료를 끓인 물에 집어넣어 재빨리 조리하는 방법
- 브로셰트(Brochette): 식재료를 쇠꼬챙이에 꿰어서 굽는 것
- 브리데(Brider): 가금이나 야조의 몸, 발, 날개, 또는 육류나 생선의 형태를 보존하기 위해 실과 바늘을 꿰매는 과정
- 블랑(Blanc): 1L의 물에 밀가루 1스푼을 풀고 레몬주스 및 6~8g의 소금을 넣은 액체. 아티초크, 우엉, 셀러리 뿌리 등의 채소 및 송아지의 발과 머리, 목살을 삶는 데 사용함
- 비더(Vider): 닭이나 생선의 내장을 뽑는 것
- 사레(Saler): 소금을 넣는 것. 소금을 뿌림
- 생제(Singer): 오래 끓이는 요리의 도중에 농도를 맞추기 위해 밀가루를 뿌려 주는 것
- 세지르(Saisir): 강한 불에 볶음. 재료의 표면을 단단하게 구워 색깔을 내는 것
- 소푸드레(Saupoudrer): 뿌리는 것. 치는 것. 빵가루. 체로 거른 치즈, 슈거파우더 등을 요리나 과자에 뿌리는 것. 요리의 농도를 위해 밀가루를 뿌림
- 소테(Sauter): 채소류나 고기, 생선류 등을 볶는 것
- 소우팅(Sauting): 얇은 스튜 팬이나 프라이팬에 버터를 녹여서 센 불로 굽는 방법
- 쇼프로와(Chaud-froid): 마요네즈에 젤라틴을 섞어 요리에 옷을 입히는 것으로 찬 요리에 사용함
- 쉬에(Suer): 즙이 나오게 함. 재료의 즙이 나오도록 냄비에 뚜껑을 덮고 약한 불에서 색깔이 나

지 않게 볶는 것

- 쉬크레(Sucrer): 설탕을 뿌림. 설탕을 넣음
- 스튜잉(Stewing): 뚜껑이 있는 그릇에다 물을 서서히 끓이면서 장시간 끓이는 방법
- 신저(Singer): 농도를 내기 위해 밀가루를 뿌려 볶는 것
- 시슬레(Ciseler): 생선 등의 종류에 불이 고루 가도록 칼집을 넣는 것
- 아로제(Arroser): 볶거나 구워서 색을 잘 낸 후 그것을 짜거나 익힐 때 재료가 마르지 않도록 구운 즙이나 기름을 표면에 끼얹는 것
- 아베세(Abaisser): 파이지를 만들 때 반죽을 방망이로 미는 것
- 아비에(Habiller): 조리 전 생선의 지느러미, 비늘, 내장을 꺼내고 씻어 놓는 것
- 아세조네(Assaisonner): 소금, 후추, 그 외 향신료를 넣어 요리의 맛과 풍미를 더하는 것
- 아세존느망(Assaisonement): 요리에 소금, 후추를 넣는 것
- 아스픽(Aspic): 육류나 생선류 등 즙을 정제하고 젤라틴을 혼합하여 요리의 맛을 배가시키고 광택이 나고 마르지 않게 하는 것. 붓으로 사용하여 칠하는 것
- 아주테(Ajouter): 더하는 것. 첨가하는 것
- 아파레유(Appareil): 요리 시 필요한 여러 가지 재료를 밑장만하여 혼합한 것
- 앙로베(Enrober): 싸거나 옷을 입히는 것. 재료를 파이지로 싸는 것. 옷을 입힘. 초콜릿, 젤라틴 등을 입힘
- 앵코르포레(Incorporer): 합체·합병함. 합침. 밀가루에 달걀을 혼합함
- 에구(Dgoutter): 물기를 제거하는 것. 물로 씻은 채소나 브랑쉬루한 재료의 물기를 제거하기 위해 짜거나 걸러 줌
- 에몽데(Emonder): 토마토, 복숭아, 아몬드, 호두의 얇은 껍질을 벗길 때 끓는 물에 몇 초간 담갔다가 건져서 껍질을 벗기는 것
- 에바르베(Ebarberr): 가위나 칼로 생선 지느러미를 잘라서 떼는 것. 조리 후 생선의 잔가시를 제거하고 조개껍질이나 잡물을 제거하는 것
- 에비데(Evider): 파내는 것. 도려내는 것. 과일이나 채소의 속을 파냄
- 에스카로페(Escaloper): 생선, 고기나 그 밖의 것을 비스듬하게 얇은 조각으로 써는 것
- 에카레(Ecaler): 삶은 달걀 혹은 반숙 달걀의 껍질을 벗기는 것
- 에카이예(Ecailler): 생선의 비늘을 벗기는 것
- 에퀴메(Ecumer): 거품을 걷어냄
- 에튀베(Etuver): 뚜껑을 덮고 천천히 찌는 것
- 에퐁제(Eponger): 씻거나 뜨거운 물로 데친 재료를 마른행주로 닦아 수분을 제거하는 것
- 엑스프리메(Exprimer): 레몬, 오렌지의 즙을 짜는 것. 토마토의 씨를 제거하기 위해 짜는 것

- 제스터(Zester): 오렌지나 레몬의 껍질을 사용하기 위해 벗기는 것
- 콩카세(Concasser): 아주 잘게 써는 것
- 쿠르부용(Court-bouillon): 식초에 화이트와인, 향신료, 채소류 등을 섞어서 만든 국물주로 생선요리에 많이 사용함
- 크라리피어(Clarifier): 액체를 맑게 하는 것과 잡것을 제거하는 것. 콩소메 정제과정 및 버터를 녹여서 거품이나 가라앉은 침전물을 제거하는 것
- 타예(Tailler): 재료를 모양이 일치하게 자르는 것. 여과하는 것. 체를 사용하여 가루를 침
- 타피세(Tapisser): 돼지비계나 파이지를 넓히는 것
- 탕포네(Tamponner): 마개를 막는 것. 버터의 작은 조각을 놓음. 소스의 표면에 막이 넓게 생기지 않도록 따뜻한 버터 조각을 놓아 주는 것
- 통베(Tomber): 연해지도록 볶는 것
- 통베 아뵈르(Tomber'a Beurre): 수분을 넣고 재료를 연하게 하기 위해 약한 불에서 버터로 볶음
- 트랑페(Tremper): 담그거나 적심. 건조된 콩을 물에 불리는 것
- 트루세(Trosser): 고정시키거나 모양을 다듬는 것. 요리 중에 모양이 부스러지지 않도록 가금류의 몸에 칼집을 넣어 주고 다리나 날개 끝을 잘라 준 후 실로 묶어 고정시키는 것. 새우나 가재를 장식으로 사용하기 전에 꼬리에 가까운 부분을 가위로 잘라 모양을 냄.
- 파네 앙그레즈(Paner a L' Anglaise): 고기나 생선 등에 밀가루칠을 한 후 소금, 후추를 넣은 달걀물을 입히고 빵가루를 칠하는 것
- 파르서메(Parsemer): 재료의 표면에 체에 거른 치즈와 빵가루를 뿌리는 것
- 파세(Passer): 고기, 생선, 채소, 치즈, 소스, 수프 등을 체나 기계류, 여과기, 쉬누와 소창을 사용하여 거르는 것
- 팍시스(Farcir): 속에 채울 재료를 만드는 것. 고기, 생선, 채소의 속에 채울 재료에 퓨레 등의 준비된 재료를 넣어 채움
- 페트리어(Petrir): 반죽함. 이김
- 포셰(Poacher): 끓는 물에 삶아내는 것
- 퐁드르(Fondre): 녹임. 용해. 채소를 기름과 재료의 수분으로 색깔이 나지 않도록 약한 불에 천천히 볶는 것
- 퐁세(Foncer): 냄비의 바닥에 채소를 깜. 여러 가지 형태의 용기 바닥이나 벽면에 파이의 생지를 깜
- 푸에테(Fouetter): 때림. 달걀흰자, 생크림을 거품기로 강하게 침
- 푸왈레(Poeler): 팬에 재료를 넣고 뚜껑을 덮은 상태로 오븐 속에서 조리하는 것
- 프라잉(Frying): 기름에 넣어 튀김

- 프라페(Frapper): 술이나 생크림을 얼음물에 담가 빨리 차게 함
- 프레미르(Fremir): 액체가 끓기 직전 표면에 재료가 떠오르는 때의 온도로 조용하게 끓이는 것
- 프레세(Presser): 누름. 오렌지, 레몬 등의 과즙을 짬
- 프로테(Frotter): 문지르는 것. 비비는 것. 마늘을 용기에 문질러 마늘향이 나게 함
- 플랑베(Flamber): 육류나 생선 가금 등에 냄새를 제거하거나 본 재료의 소스를 만들 때 맛을 배가시킴. 볶는 순간에 코냑이나 기타 술로 부어서 불을 붙임
- 피슬레(Ficeler): 끈으로 묶는 것. 로스트나 익힐 재료가 조리 중에 모양이 흐트러지지 않게 실로 묶음
- 피케(Piquer): 고기나 닭고기를 굵은 쥘리엔느(Julienne) 모양의 베이컨, 돼지기름, 햄, 송로버섯 등으로 고기 안에 꽂아 놓는 것
- 핀세르(Pincer): 세게 동여매는 것. 요점을 뽑아내는 것. 새우, 게 등 갑각류의 껍질을 빨간색으로 만들기 위해 볶음. 고기를 강한 불로 볶아서 표면을 단단히 동여맴. 파이 껍질의 가장자리를 파이용 집게로 찍어서 조그마한 장식을 함

7) 디저트

- 무스(Mousse): 달걀과 크림을 섞어 글라스에 넣고 차게 한 것
- 바바루아(Bavarois): 크림, 달걀, 젤라틴을 원료로 만든 것
- 베네(Beignets): 과일에 반죽을 입혀서 식용유에 튀긴 것
- 블랑망제(Blanc Mange): 밀크, 콘스타치를 젤라틴으로 구운 것
- 샬럿(Charlotte): 핑거(Finger) 비스킷을 껍질로 하여 속에 우유를 넣어 차게 한 것
- 셔벗(Sherbet): 과즙과 리큐르로만 만든 빙과
- 수플레 드 프로마주(Souffle de Fromage): 크림소스에 스위스치즈나 가루치즈를 섞어 오븐에 구워 내는 것
- 아이스크림(Ice Cream): 유지방을 사용한 빙과
- 크레이프(Crepes): 밀가루, 설탕, 달걀 등으로 만든 팬케이크의 일종
- 크렘 드 프로마주(Creme de Fromage): 치즈를 크림밀크에 붓고 후추, 소금, 파프리카 등을 푸딩관에 넣어 차게 한 것
- 푸딩(Pudding): 밀가루, 설탕, 달걀 등으로 만든 젤리 타입의 유동 물질
- 피치 멜바(Peach Melba): 아이스크림 위에 복숭아조림을 올려놓은 것
- 필레 오 프로마주(Failles au Fromage): 밀가루, 우유, 버터를 더한 것에 치즈를 섞고 얇게 밀어서 동그랗게 만 다음 잘게 썰어 오븐에 구워 내는 것

CHAPTER 2

조식 | 전채 | 스톡 | 수프 | 소스 | 샐러드와 드레싱 |
생선요리 | 주요리 | 샌드위치 | 스파게티

양식조리의 실제

치즈오믈렛
Cheese Omelet

시험 시간
20분

지급 재료

주재료와 부재료
달걀 3개, 치즈(가로세로 8cm 정도) 1장, 생크림(조리용) 20g

양념
버터(무염) 30g, 식용유 20mL, 소금(정제염) 2g

조리 방법

1 **달걀 풀기** 달걀은 거품기로 잘 풀어 준 후 소금 간하여 체에 내린다. 치즈는 사방 0.5cm로 일정하게 썰어, 반은 달걀물에 넣고 반은 속재료로 사용한다. 풀어 놓은 달걀물에 치즈 썬 것 반과 생크림을 넣어 함께 섞는다. ❶, ❷

2 **스크램블 만들기** 오믈렛팬을 잘 달군 후 식용유를 충분히 둘러서 팬을 코팅한다. 팬에 남은 기름을 따라 내고, 중불 정도의 온도에서 버터를 두르고, 버터가 녹으면 달걀물을 부어서 나무젓가락으로 저어 부드럽게 스크램블한다. ❸

3 **오믈렛 만들기** 약불로 낮추고, 달걀물이 반 정도 익었을 때 남은 치즈 반을 가운데 넣고 타원형으로 모양을 말아 준다. ❹

4 **완성하기** 겉모양이 갈라지거나 깨지지 않게 굴려가면서 통통한 럭비공 모양이 되도록 만들어서 접시에 담는다. ❺, ❻

 Key Point

- 달걀물에 생크림을 사용할 때 너무 많이 넣으면 오믈렛을 말 때 부서지기 쉬우므로 주의한다.
- 달걀물에 치즈를 섞을 때 치즈의 반은 체에 내린 달걀물에 섞고 나머지 반은 속에 넣어 오믈렛을 만든다.
- 오믈렛팬에 식용유를 충분히 두르고 가열하여 코팅을 잘해야 달걀이 눌어붙지 않는다.
- 불 조절에 유의하며 오믈렛의 속을 부드럽게 익힌다.

스패니시오믈렛
Spanish Omelet

시험 시간
30분

지급 재료

주재료와 부재료
달걀 3개, 생크림(조리용) 20g, 청피망 1/6개, 양파 1/6개, 베이컨 1/2조각, 양송이 1개, 토마토 1/4개

양념
토마토케첩 20g, 버터(무염) 20g, 식용유 20mL, 소금(정제염) 5g, 검은 후춧가루 2g

조리 방법

1 **달걀 풀기** 달걀은 거품기로 잘 풀어 준 후 체에 내려 생크림을 섞는다.

2 **재료 썰기** 양파, 양송이, 청피망, 베이컨은 사방 0.5cm 크기로 썬다. 토마토는 껍질을 끓는 물에 데쳐서 껍질을 벗기고, 씨를 제거하여 사방 0.5cm 크기로 썬다.

3 **재료 볶기** 팬을 잘 달군 후 베이컨을 넣고 볶은 후 버터를 넣고 양파, 피망, 양송이, 토마토 순서대로 타지 않게 볶는다. 채소를 볶으면서 토마토케첩을 넣고 잘 섞이게 한 후 소금, 검은 후춧가루로 간을 한다. ❶

4 **오믈렛 만들기** 오믈렛팬을 잘 달군 후 식용유를 충분히 둘러서 팬을 코팅한다. 팬에 남은 기름을 따라 내고, 중불 정도의 온도에서 버터를 두르고, 버터가 녹으면 달걀물을 부어서 나무젓가락으로 저어 부드럽게 스크램블한다. 반 정도 익었을 때 4의 볶은 속재료를 가운데 길게 올린 후 오믈렛팬을 기울여 타원형으로 모양을 만든다. ❷, ❸

5 **완성하기** 모양을 잡아 완성접시에 담아낸다.

 Key Point

- 오믈렛팬에 식용유를 충분히 두르고 가열하여 코팅을 잘해야 달걀이 눌어붙지 않는다.
- 속에 넣을 넣어 말 때 내용물이 너무 많으면 터지기 쉬우므로 중심부터 양쪽으로 고르게 속을 펴 넣는다.
- 완성된 오믈렛은 럭비공 모양으로 단단하지 않고 부드러워야 한다.

슈림프카나페
Shrimp Canape

시험 시간
30분

요구 사항

- 새우는 내장을 제거한 후 미르포아(Mire-poix)를 넣고 삶아서 껍질을 제거하시오.
- 달걀은 완숙으로 삶아 사용하시오.
- 식빵은 직경 4cm 정도의 원형으로 하고 4개를 제출하시오.

수험자 유의 사항

- 새우를 부서지지 않도록 하고 달걀 삶기에 유의한다.
- 식빵의 수분 흡수에 유의한다.

지급 재료

주재료와 부재료
새우 30~40g, 달걀 1개, 양파 1/8개, 식빵(샌드위치용) 1조각, 당근 15g, 셀러리 15g, 레몬(세로) 1/8개, 파슬리(잎, 줄기 포함) 1줄기, 이쑤시개 1개

양념
버터 30g, 토마토케첩 10g, 소금 5g, 흰 후춧가루 2g

조리 방법

1 **재료 손질하기** 새우는 흐르는 물에 깨끗이 씻어 등쪽 3번째 마디에서 이쑤시개를 이용해 내장을 제거한다. ❶ 양파, 당근, 셀러리는 채 썰고 파슬리는 찬물에 담가 둔다.

2 **새우 삶기** 냄비에 물 1½컵 넣고 미르포아(양파채, 당근채, 셀러리채)와 소금, 레몬을 넣고 끓인 후 손질한 새우를 넣고 뚜껑을 열고 삶아 식힌다.

3 **새우 껍질 벗기기** 식힌 새우의 머리와 껍질을 제거하고 등쪽에 칼집을 넣어 반으로 갈라 꼬리를 세워 둔다. ❷

4 **달걀 삶기** 냄비에 달걀을 넣고 달걀이 잠길 만큼의 물을 부은 후 소금을 넣고 달걀을 굴리면서 삶는다. 껍질이 깨지지 않도록 살살 굴리면서 노른자가 중앙에 오도록 완숙으로 삶아 찬물에 식힌다(물이 끓기 시작해서 15분 정도 삶는다.).

5 **식빵 썰기** 식빵은 4등분한 후 모서리를 다듬어 원형으로 만들어 기름 두르지 않은 팬에 앞뒤를 노릇하게 토스트한다. ❸

6 **파슬리·달걀 손질하기** 파슬리는 물기를 제거하고 잎을 떼어 놓는다. 삶은 달걀은 노른자가 가운데 오도록 커터기를 이용하여 자른다. ❹

7 **카나페 만들기** 토스트한 빵 위에 버터를 고르게 바르고 달걀, 새우 순서로 얹는다. 젓가락을 이용해 토마토케첩을 새우 중앙에 올리고 파슬리로 장식한다. ❺

8 **완성하기** 완성 그릇에 담고 남은 파슬리의 물기를 제거하여 가운데에 장식한다.

Key Point

- 새우는 끓는 물에 데칠 때 미르포아를 넣고 삶아야 비린내가 없어진다.
- 삶은 새우는 완전히 식혀서 껍질을 벗겨야 부서지지 않는다.
- 새우의 등 가운데를 갈라야 새우가 기울어지지 않는다.
- 달걀노른자가 중앙에 오도록 삶기 위해서는 찬물부터 3~5분간 한쪽 방향으로 굴려 주어야 하며, 15분 정도 삶아야 완숙이 된다.
- 식빵은 팬에 토스트한 후 수분이 생기지 않도록 젓가락을 넣고 그 위에 얹어 놓는다.

샐러드부케를 곁들인
참치타르타르와 채소비네그레트

Tuna Tartar with Salad Bouquet and Vegetable Vinaigrette

시험 시간
30분

지급 재료

주재료와 부재료

참치타르타르 붉은색 참치살(냉동) 80g, 양파 1/8개 중 2/3 분량, 그린올리브 2개, 케이퍼 5개, 처빌 2줄기, 레몬 1/4개

샐러드부케 롤라로사 2잎, 그린치커리 2줄기, 차이브(또는 실파) 5줄기, 붉은색 파프리카(5~6cm) 1/4개 중 1/3 분량, 오이 10g 중 1/2개 분량

채소비네그레트 양파 1/8개 중 1/3 분량, 붉은색 파프리카(5~6cm) 1/4개 중 2/3 분량, 노란색 파프리카 1/8개, 오이 10g 중 1/2개 분량, 파슬리 1줄기, 딜 3줄기

양념

참치타르타르 올리브오일 5mL, 핫소스 5mL, 소금 3g, 흰 후춧가루 3g

채소비네그레트 올리브오일 20mL, 식초 10mL, 소금 2g

조리 방법

1 **참치 해동하기** 냉동 참치는 옅은 소금물에 잠시 담가 해동시켜 면포에 싸 둔다.

2 **샐러드부케 만들기** 롤라로사, 그린치커리는 찬물에 담가 둔다. 차이브 중 반은 물에 담가 놓고 반은 끓는 물에 살짝 데쳐 찬물에 헹궈 물기를 제거한다. 붉은색 파프리카 1/3개 분량은 길고 가늘게 채 썬다. 물에 담가 둔 채소의 물기를 제거한 후 롤라로사에 그린치커리, 차이브, 붉은색 파프리카를 얹어 자연스럽게 감싸 준 후 데쳐 놓은 차이브로 밑동 부분을 돌돌 말아 묶고 끝 부분을 잘라서 정리한다. 오이는 2~2.5cm 높이의 원통으로 잘라서 씨를 제거하여 홈을 판다. 그 홈에 말아 둔 부케를 꽂아서 고정한다. ❶

3 **채소비네그레트 만들기** 양파, 붉은색·노란색 파프리카, 오이는 가로와 세로 0.2cm 정도의 주사위 모양으로 썰고, 파슬리와 딜은 다진다. 볼에 준비한 채소와 올리브오일, 식초, 소금을 넣고 섞어 완성한다.

4 **참치타르타르 만들기** 해동시킨 참치는 거즈로 물기를 제거하여 가로, 세로 0.3cm 정도의 작은 주사위 모양으로 썰어 마른 면포에 핏물을 제거하고 양파, 그린올리브, 케이퍼, 처빌은 다진다. 볼에 참치와 다진 재료를 섞고, 레몬즙, 올리브오일, 핫소스, 소금, 흰 후춧가루를 넣고 부드럽게 섞어 참치타르타르를 만든다. ❷

5 **완성하기** 접시 가운데에 샐러드 부케를 놓고, 참치타르타르는 스푼 2개를 이용하여 퀜넬 형태로 모양을 만들어 부케를 중심으로 3개를 돌려 담고 채소비네그레트를 뿌려 완성한다. ❸~❺

 **Key Point**

- 냉동 참치는 연한 소금물에 살짝 담가서 해동시키는데, 해동이 지나치면 참치를 썰 때 살이 으깨진다.
- 작은 주사위 모양으로 썬 참치는 수분을 제거하고 색의 변화에 유의한다.
- 비네그레트드레싱이 분리되지 않도록 주의한다.

채소로 속을 채운 훈제연어롤
Smoked Salmon Roll with Vegetables

시험 시간
40분

- 주어진 훈제연어를 슬라이스하여 사용하시오.
- 당근, 셀러리, 무, 홍피망, 청피망을 0.3cm 정도의 두께로 채를 써시오.
- 채소로 속을 채워 롤을 만드시오.
- 롤을 만든 뒤 일정한 크기로 6등분하여 제출하시오.
- 생크림, 겨자무(호스래디시), 레몬즙을 이용하여 호스래디시크림을 만들어 곁들이시오.

수험자 유의 사항

- 훈제연어 기름 제거에 유의한다.
- 슬라이스한 훈제연어살이 갈라지지 않도록 한다.
- 롤은 일정한 두께로 만든다.

지급 재료

주재료와 부재료
훈제연어 150g, 당근 40g, 셀러리 15g, 무 15g, 홍피망(세로로 자른 것) 1/8개, 청피망(세로로 자른 것) 1/8개
가니시 양상추 15g, 양파 1/8개, 케이퍼 6개, 레몬 1/4개 중 1/2개 분량, 파슬리(잎, 줄기) 1줄기
양념
호스래디시크림 호스래디시 10g, 생크림(조리용) 50mL, 레몬 1/4 개 중 1/2개 분량, 소금 5g, 흰 후춧가루 5g

조리 방법

1 **재료 손질하기** 양상추는 먹기 좋은 크기로 손으로 뜯어 파슬리와 함께 찬물에 담가 둔다. 당근, 셀러리, 무, 홍피망, 청피망은 0.3cm 크기로 채 썬다. 양파는 다져서 옅은 소금물에 담갔다 건져 물기를 빼서 준비한다.

2 **훈제연어 썰기** 훈제연어는 0.2cm 두께로 얇게 슬라이스하여 종이타월로 기름을 제거한다. ❶

3 **롤 만들기** 도마 위에 랩을 깔고 슬라이스한 연어를 놓고 채 썬 당근, 셀러리, 무, 홍피망, 청피망을 얹어 일정한 두께로 만든다. ❷~❺

4 **호스래디시크림 만들기** 생크림에 레몬즙을 넣어 거품기를 이용하여 휘핑하고, 소금, 흰 후춧가루, 호스래디시를 넣고 농도가 되직하게 섞어 호스래디시크림을 만든다.

5 **완성하기** 훈제연어롤은 둥근 형태를 유지하며 일정한 크기로 6등분하여 접시에 담고, 물기를 제거한 양상추, 양파, 파슬리, 레몬, 케이퍼, 호스래디시크림을 곁들인다. ❻, ❼

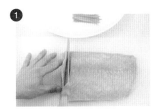

 Key Point

- 훈제연어가 너무 많이 해동되면 썰 때 살이 갈라지므로 살짝 얼었을 때, 연어나이프를 이용하여 가로로 넓게 슬라이스한다.
- 키친타월이나 마른 면포로 슬라이스한 연어를 살짝 눌러 기름을 제거한다.
- 접시에 담을 때 작은 티스푼 2개를 이용하여 퀜넬 모양으로 잡아 주면 모양이 깔끔하다.

브라운스톡
Brown Stock

시험 시간
30분

요구 사항

- 스톡은 맑고, 갈색으로 만드시오.
- 소뼈는 핏물을 제거한 후 사용하시오.
- 완성된 스톡의 양이 200mL 정도 되도록 하여 볼에 담아내시오.

수험자 유의 사항

- 불 조절에 유의한다.
- 스톡이 끓을 때 생기는 거품을 걷어 내야 한다.

지급 재료

주재료와 부재료

소뼈(2~3cm) 150g, 양파(중) 1/2개, 당근 40g, 셀러리 30g, 토마토(중) 150g, 월계수잎 1잎, 정향 1개, 검은 통후추 4개, 파슬리(잎, 줄기 포함) 1줄기, 다임 1g(1줄기, dry), 다시백 1개(10cm × 12cm)

양념

버터(무염) 5g, 식용유 50mL

조리 방법

1 소뼈 손질하기 소뼈는 기름기를 제거하고 찬물에 담가 핏물을 뺀다. 핏물을 뺀 소뼈는 끓는 물에 데친 후 냉수에 헹구어 물기를 제거한다. ❶

2 재료 썰기 양파, 당근, 셀러리는 2.5×3cm 크기로 썰고 토마토는 끓는 물에 데쳐 껍질 과 씨를 제거하고 큼직하게 썬다.

3 부케가르니 만들기 양파, 정향, 통후추, 월계수잎, 파슬기 줄기를 모아 부케가르니를 만든다.

4 갈색 내기 팬을 달구어 식용유를 두르고 소뼈를 앞뒤로 갈색이 나도록 굽는다. 소뼈 가 구워지면 팬에 버터를 두르고 양파, 셀러리, 당근을 넣고 진한 갈색이 나도록 볶는 다. ❷, ❸

5 끓이기 냄비에 소뼈, 양파, 셀러리, 당근, 토마토를 넣고 물 2컵과 부케가르니를 넣어 센 불에서 중불로 서서히 끓이면서 거품과 이물질을 제거한다. ❹

6 걸러 내기 스톡을 진한 갈색이 나게 졸인 후 면포에 거른다.

7 완성하기 완성된 스톡 1컵(200mL)을 그릇에 담아낸다.

 Key Point

- 소뼈와 채소는 태우지 않고 진한 갈색으로 구워 주며, 스톡은 뚜껑을 열고 끓이며 도중에 뜨는 기름과 거품은 깨끗이 제거한다.
- 식용유는 소량만 사용하여야 완성된 스톡이 기름기 없이 맑다.

비프콩소메수프

Beef Consomme Soup

시험 시간
40분

요구 사항

- 어니언브루리(onion brulee)를 만들어 사용하시오.
- 완성된 수프는 맑고 갈색이 되도록 하시오.
- 완성된 수프의 양은 200mL 정도 되도록 하시오.

수험자 유의 사항

- 맑고, 갈색의 수프가 되도록 불 조절에 유의한다.
- 조리작품 만드는 순서는 틀리지 않게 하여야 한다.

지급 재료

주재료와 부재료
쇠고기(살코기를 간 것) 70g, 달걀 1개, 양파(중) 1개, 당근 40g, 셀러리 30g, 토마토 1/4개, 파슬리(잎, 줄기 포함) 1줄기, 월계수잎 1잎, 검은 통후추 1개, 정향 1개

양념
검은 후춧가루 2g, 소금 2g, 비프스톡(또는 물) 500mL

조리 방법

1 **재료 손질하기** 양파, 당근, 셀러리는 채 썰고, 토마토는 껍질과 씨를 제거하고 다진다.

2 **양파 볶기** 분량의 양파 중 1/4을 채 썰어 갈색이 나도록 볶는다. ❶

3 **부케가르니 만들기** 양파, 정향, 통후추, 월계수잎, 파슬리 줄기를 모아 부케가르니를 만든다.

4 **흰자 거품내기** 달걀흰자는 거품기를 이용하여 거품을 낸다(흐르지 않을 정도로 거품을 낸다.). ❷

5 **재료 섞기** 달걀흰자 거품에 채 썬 양파, 당근, 셀러리, 다진 쇠고기, 토마토를 넣고 잘 섞는다. ❸

6 **끓이기** 냄비에 물 500mL와 혼합한 재료를 넣은 후 부케가르니와 양파 볶은 것을 넣고 끓인다. 끓기 시작하면 불을 약하게 줄이고 가운데 구멍을 낸 다음 은근하게 끓인다. ❹

7 **완성하기** 국물의 색이 맑은 갈색이 되면 면포에 거르고 ❺ 소금, 흰 후춧가루로 간을 한 뒤 완성 그릇에 담아낸다.

 Key Point

- 양파는 진한 갈색으로 구워 어니언브루리를 만들어야 수프의 색깔이 갈색이 된다.
- 달걀흰자는 충분히 거품을 내서 사용해야 불순물을 흡수해서 국물을 맑게 한다.
- 불이 너무 세면 국물이 탁해지므로 끓기 시작하면 불을 줄여서 은근하게 끓인다.

피시차우더수프

Fish Chowder Soup

시험 시간
30분

지급 재료

주재료와 부재료
대구살 50g, 베이컨(길이 25~30cm) 1/2조각, 감자(중) 1/5개, 셀러리 30g, 양파(중) 1/6개, 우유 200mL, 밀가루(중력분) 15g, 월계수잎 1잎, 정향 1개

양념
버터(무염) 20g, 소금 2g, 흰 후춧가루 2g

조리 방법

1 **생선 썰기** 생선은 사방 1.2cm 크기로 일정하게 썬다.

2 **생선살 익히기** 냄비에 물 2컵과 월계수잎, 정향, 으깬 통후추 넣고 끓이다 대구살을 넣어 익힌 후 면포에 밭쳐 생선살은 건져서 준비하고 국물은 스톡으로 사용한다.

3 **재료 준비하기** 감자, 양파, 셀러리는 0.7×0.7×0.1cm 크기로 일정하게 썬다. 베이컨은 1.2cm X 1.2cm로 썰어 끓는 물에 데쳐 기름기를 제거한다.

4 **재료 볶기** 팬에 버터(식용유)를 두르고 양파, 셀러리, 감자 순으로 볶는다.

5 **화이트루 만들기** 냄비에 버터를 녹여 밀가루를 넣고 약불에서 충분히 볶아 화이트루를 만든다.

6 **끓이기** 화이트루에 스톡을 조금씩 부어가며 몽우리가 생기지 않도록 푼 후 월계수잎과 정향을 넣고 끓인다. 농도가 살짝 나면 데쳐 놓은 베이컨, 볶은 양파, 셀러리, 감자, 생선살과 베이컨 넣고 끓이다가 우유를 넣어 끓인다.

7 **완성하기** 재료가 익으면 월계수잎과 정향을 꺼내고, 소금, 흰 후추로 간을 맞추어 완성한다(국물 3 : 건더기 1).

 Key Point ─────────

- 생선살이 부서지지 않도록 주의한다.
- 화이트루에 피시스톡을 넣을 때는 덩어리지지 않도록 풀어 주며 풀리지 않을 경우 체에 내려 사용한다.

프렌치어니언수프

French Onion Soup

시험 시간
30분

요구 사항

- 양파는 5cm 크기의 길이로 일정하게 써시오.
- 바게트빵에 마늘버터를 발라 구워서 따로 담아내시오.
- 완성된 수프의 양은 200mL 정도로 하시오.

수험자 유의 사항

- 수프의 색깔이 갈색이 나도록 하여야 한다.

지급 재료

주재료와 부재료
양파(대) 1개, 바게트 1조각, 마늘 1쪽, 파슬리(잎, 줄기 포함) 1줄기, 파르메산치즈 10g, 화이트와인 15mL

양념
버터 20g, 소금 2g, 검은 후춧가루 1g, 맑은스톡(비프스톡, 콩소메, 물로 대체 가능) 270mL

조리 방법

1 **재료 썰기** 양파는 뿌리와 끝을 잘라 낸 후 얇고 두께가 일정하도록 채 썰고 마늘은 다진다.

2 **양파 볶기** 냄비를 달구어 버터를 두르고 녹으면 채 썬 양파를 넣고 중불에서 갈색이 날 때까지 볶는다. ❶

3 **파슬리가루 만들기** 파슬리는 잎만 모아 곱게 다져 면포에 싸서 물에 헹구어 물기를 꼭 짜서 파슬리가루를 만든다.

4 **마늘버터 만들기** 다진 마늘과 파슬리가루, 버터를 섞어 마늘버터를 만든다.

5 **빵 굽기** 바게트 한 면에 마늘버터를 잘 펴 발라 양면을 토스트한 후 마늘버터를 바른 면이 뜨거울 때 파르메산치즈를 뿌려 마늘빵을 준비한다. ❷

6 **끓이기** 볶은 양파에 화이트와인을 넣고 볶은 다음 물 2컵을 넣고 은근하게 끓이면서 거품을 제거하고 소금, 검은 후춧가루로 간을 한다.

7 **완성하기** 완성 그릇에 수프를 담고, 마늘빵을 얹어 제출한다.

 Key Point

- 양파는 최대한 얇게 썰어 중불로 진한 갈색이 나도록 볶는다.
- 끓이면서 떠오르는 거품은 제거하고 약한 불에서 끓여야 수프가 탁해지지 않는다.

포테이토크림수프
Potato Cream Soup

시험 시간
30분

지급 재료

주재료와 부재료
감자(200g) 1개, 양파(중) 1/4개, 대파(흰 부분, 10cm) 1토막, 식빵 1조각, 생크림 20g, 월계수잎 1잎

양념
버터 15g, 소금 2g, 흰 후춧가루 1g, 치킨스톡(또는 물) 270mL

조리 방법

1 재료 썰기 감자는 껍질을 벗겨 얇게 편으로 썰거나, 채 썰어서 찬물에 담가 전분을 뺀다. 양파와 대파(흰 부분)은 가늘게 채 썬다. ❶, ❷

2 재료 볶기 냄비를 달구어 버터를 두르고 녹으면 채 썬 양파와 대파를 넣어 볶다가 물기를 뺀 감자를 넣어 색이 나지 않도록 살짝 볶는다.

3 끓이기 2에 물(치킨스톡), 월계수잎을 넣고 센 불에서 끓이다가 중불 이하로 줄여 끓인다. 거품을 걷어 내면서 감자가 푹 무르도록 끓인다.

4 거르기 감자가 푹 무르면 월계수잎을 건져내고 체에 내린다. 다시 냄비에 담고 생크림을 넣어 살짝 끓인 후 소금, 흰 후춧가루로 간을 한다. ❸

5 크루통 만들기 식빵은 사방 0.8cm 크기의 주사위 모양으로 썰어 약불에서 노릇하게 토스트한다. ❹

6 완성하기 완성 그릇에 수프를 담고 크루통을 위에 얹는다.

 Key Point

- 크루통은 버터에 볶아 갈색을 내며 수분이 없도록 볶아서 사용한다.
- 완성된 수프 위에 크루통을 띄울 때 미리 얹으면 수분을 빨아들여 크기가 커지므로 제출 직전에 띄운다.

미네스트로네수프
Minestrone Soup

시험 시간
30분

- 채소는 사방 1.2cm, 두께 0.2cm 정도로 써시오.
- 스트링빈스, 스파게티는 1.2cm 정도의 길이로 써시오.
- 국물과 고형물의 비율을 3 : 1로 하시오.
- 전체 수프의 양은 200mL 정도로 하고 파슬리 가루를 뿌려내시오.

- 수프의 색과 농도를 잘 맞추어야 한다.

지급 재료

주재료와 부재료

양파 (중) 1/4개, 완두콩 5알, 셀러리 30g, 양배추 40g, 당근 40g, 무 10g, 스트링빈스 2줄기, 토마토(중) 1/8개, 베이컨 1/2조각, 마늘 1쪽, 스파게티 2가닥, 토마토페이스트 15g, 파슬리(잎, 줄기 포함) 1줄기, 월계수잎 1잎, 정향 1개

양념

버터 5g, 소금 2g, 검은 후춧가루 2g, 치킨스톡(또는 물) 200mL

조리 방법

1 **스파게티 삶기** 냄비에 물을 올려 끓으면 소금을 조금 넣고 스파게티를 삶아 1.2cm 길이로 자른다. ❶

2 **재료 썰기** 베이컨은 1.2×1.2cm 썰어 끓는 물에 데쳐 기름기를 제거하고, 양파, 당근, 셀러리, 무, 양배추는 1.2×1.2×0.2cm 크기로 썬다. 토마토는 껍질과 씨를 제거하고 같은 크기로 썬다. ❷

3 **다지고 가루 내기** 마늘은 다지고, 파슬리는 잎만 모아 곱게 다져 면포에 싸서 물에 헹구어 물기를 꼭 짜서 파슬리가루를 만든다.

4 **재료 볶기** 냄비에 버터를 두르고 다진 마늘 넣고 단단한 채소 순서로(당근, 무, 양배추, 셀러리, 완두콩, 스트링빈스, 베이컨) 볶은 뒤 토마토페이스트를 넣고 약불에서 충분히 볶는다. ❸

5 **끓이기** 4에 토마토를 넣어 볶으면서 치킨스톡(물)과 월계수잎, 정향을 넣고 끓인다. ❹

6 **간 하기** 약 20분 정도 끓인 후 스파게티, 스트링빈스, 완두콩을 넣어 다시 한 번 끓인 후 월계수잎과 정향을 건져내고 소금, 검은 후춧가루로 간을 한다.

7 **완성하기** 완성 그릇에 수프를 담고 파슬리가루를 뿌려 낸다.

 Key Point

■ 토마토페이스트는 약불에서 충분히 볶아야 신맛과 떫은맛이 없어진다.

■ 수프가 끓으면서 떠오르는 기름과 거품을 제거해야 수프가 맑고 깨끗하다.

브라운그레이비소스
Brown Gravy Sauce

시험 시간
30분

요구 사항
- 브라운루(Brown Roux)를 만들어 사용하시오.
- 완성된 작품의 양은 200mL 정도를 만드시오.

수험자 유의 사항
- 브라운루가 타지 않도록 한다.
- 소스의 농도에 유의한다.

지급 재료

주재료와 부재료
양파(중) 1/6개, 당근 40g, 셀러리 20g, 밀가루(중력분) 20g, 토마토페이스트 30g, 월계수잎 1잎, 정향 1개

양념
소금 2g, 검은 후춧가루 1g, 버터 30g, 브라운스톡(또는 물) 300mL

조리 방법

1 재료 썰기 양파, 당근, 셀러리는 4cm 길이, 0.3cm 두께로 채 썬다.

2 재료 볶기 팬을 달구어 버터를 두르고 양파, 당근, 셀러리를 갈색이 나도록 볶는다. ❶

3 부케가르니 만들기 셀러리에 월계수잎, 정향을 고정해서 부케가르니를 만든다.

4 브라운루 만들기 냄비에 버터를 녹여 밀가루를 넣고 약한 불에서 짙은 갈색이 나도록 볶아 브라운루를 만든다.

5 그레이비소스 만들기 브라운루에 토마토페이스트를 넣어 충분히 볶은 후 물(브라운스톡)을 조금씩 넣어 멍울이 없도록 잘 푼다. 볶아 둔 양파, 당근, 셀러리와 부케가르니를 넣어 은근하게 푹 끓인다. ❷, ❸

6 완성하기 농도가 걸쭉하게 끓으면 부케가르니를 건져내고 소금, 검은 후춧가루로 간을 한 뒤 체에 걸러서 완성 그릇에 담는다.

 Key Point

- 토마토페이스트는 약불에서 충분히 볶아야 신맛과 떫은맛이 없어진다.
- 브라운루에 토마토페이스트를 넣을 때는 불이 세면 타므로 주의한다.
- 가루가 덩어리지지 않게 잘 풀어 주며 농도에 유의한다.

토마토소스

Tomato Sauce

시험 시간
30분

요구 사항

- 모든 재료를 다져서 사용하시오.
- 브론드루(bronde roux)를 만들어서 소스를 만드시오.
- 완성된 소스의 양이 200mL 정도 되게 하시오.

수험자 유의 사항

- 소스의 농도와 색깔에 유의한다.

지급 재료

주재료와 부재료
양파(중) 1/6개, 당근 40g, 셀러리 30g, 베이컨 1/2조각, 토마토(중) 1개, 마늘 1쪽, 파슬리
(잎, 줄기 포함) 1줄기, 밀가루(중력분) 10g, 토마토페이스트 20g, 월계수잎 1잎, 정향 1개,
흰 통후추 3개

양념
버터 20g, 소금 2g, 검은 후춧가루 1g, 치킨스톡(또는 물) 320mL

조리 방법

1 **재료 손질하기** 마늘, 베이컨, 양파, 셀러리, 당근을 굵게 다진다.

2 **토마토 껍질 벗기기** 토마토 껍질에 열십자(+)로 칼집을 넣고 끓는 물에 데쳐 껍질과 씨를 제거한 뒤 굵게 다진다. ❶

3 **부케가르니 만들기** 셀러리와 파슬리 줄기에 월계수잎, 정향, 흰 통후추를 고정시켜 부케가르니를 만든다.

4 **재료 볶기** 팬을 달구어 버터를 두르고 베이컨을 볶다가 마늘, 양파, 당근, 셀러리를 볶는다. ❷

5 **브론드루 만들기** 냄비에 버터를 녹여 밀가루를 넣고 약한 불에서 황금색이 나도록 볶아 브론드루를 만든다.

6 **끓이기** 5의 브론드루에 토마토페이스트를 넣고 충분히 볶은 후 토마토를 넣고 물(치킨스톡)을 조금씩 넣어가며 잘 풀고 볶은 채소와 부케가르니를 넣고 푹 끓인다. ❸

7 **완성하기** 농도가 걸쭉하게 끓으면 부케가르니를 건져내고 소금, 검은 후춧가루로 간을 한 뒤 체에 걸러서 완성 그릇에 담는다. ❹

 Key Point

- 브론드루에 토마토페이스트를 넣을 때 불이 세면 토마토페이스트가 타므로 주의한다.
- 토마토소스는 토마토색이 나도록 하며 농도에 유의한다.

홀란데이즈소스
Hollandaise Sauce

시험 시간
25분

지급 재료

주재료와 부재료
달걀 2개, 양파(중) 1/8개, 레몬(세로) 1/4개, 파슬리 1줄기, 월계수잎 1잎, 검은 통후추 3개

양념
버터 200g, 식초 20mL, 소금 2g, 흰 후춧가루 1g

조리 방법

1 재료 손질하기 양파는 굵게 다지고 검은 통후추는 으깬다.

2 향신즙 만들기 냄비에 물 1/2컵을 넣고 다진 양파, 으깬 통후추, 월계수잎, 파슬리, 식초를 넣고 중불에서 끓여 2큰술 정도가 되게 졸여 면포에 거른다. ❶, ❷

3 버터 중탕하기 버터를 그릇에 담아 냄비에 물을 넣고 그 위에 올려 중탕으로 녹인다. 이때 버터에 물이 들어가지 않도록 주의한다. ❸

4 소스 만들기 달걀노른자를 거품기로 저어 가며 향신즙을 1~2작은술 넣어 잘 저어 준다. 노른자가 익지 않을 정도의 따뜻한 물에 중탕하면서 녹인 버터를 조금씩 넣으면서 되직한 소스를 만든다. ❹

5 완성하기 알맞은 농도가 되면 레몬즙, 소금, 흰 후춧가루로 간을 맞추고 완성 그릇에 담는다.

 Key Point

- 버터는 60℃ 정도의 물에서 중탕시킨다.
- 중탕에서 달걀노른자가 익어 덩어리지지 않게 한다. 이때 온도가 너무 낮으면 분리된다.
- 정제버터와 중탕한 달걀노른자의 온도가 같아야 분리되지 않는다.

이탤리언미트소스
Italian Meat Sauce

시험 시간
30분

지급 재료

주재료와 부재료
쇠고기(간 것) 60g, 양파(중) 1/2개, 셀러리 30g, 마늘 1쪽, 캔토마토 30g, 파슬리(잎, 줄기 포함) 1줄기, 토마토페이스트 30g, 월계수잎 1잎

양념
버터 10g, 소금 2g, 검은 후춧가루 2g

조리 방법

1 재료 손질하기 쇠고기는 핏물을 뺀 다음 힘줄과 기름기를 제거하고 곱게 다진다.

2 재료 썰기 양파, 셀러리, 마늘은 0.3cm 정도로 다진다.

3 토마토 껍질 벗기기 토마토 껍질에 열십자(+)로 칼집을 넣고 끓는 물에 데쳐 껍질과 씨를 제거한 뒤 잘게 다진다.

4 파슬리가루 만들기 파슬리는 잎만 모아 곱게 다져 면포에 싸서 물에 헹구어 물기를 꼭 짜서 파슬리가루를 만든다.

5 재료 볶기 냄비에 버터를 두르고 마늘, 양파, 셀러리 순으로 볶다가 다진 쇠고기를 넣어 볶는다. ❶

6 끓이기 5에 토마토페이스트를 넣어 충분히 볶아준 뒤 토마토 다진 것을 넣고 다시 한 번 볶아준 후 물(1½컵)과 월계수잎을 넣고 은근한 불에서 충분히 끓인다. ❷, ❸

7 완성하기 소스 농도가 걸쭉해지면 월계수잎을 건져내고 소금, 검은 후춧가루로 간을 하고 완성 그릇에 담아 파슬리가루를 뿌려 낸다.

 Key Point

■ 다진 재료를 볶으면서 수분이 완전히 나올 때까지 볶는다.
■ 끓이면서 위에 떠오르는 거품과 기름은 걷어 낸다.
■ 약중불에서 은근하게 끓인다.

타르타르소스

● 소스 ●

Tar Tar Sauce

시험 시간
20분

요구 사항

- 모든 재료를 0.2cm 정도의 크기로 다지시오.
- 소스의 농도를 잘 맞추시오.

수험자 유의 사항

- 소스의 농도가 너무 묽거나 되지 않아야 한다.
- 채소의 물기 제거에 유의한다.

지급 재료

주재료와 부재료
양파(중) 1/10개, 오이피클 1/2개, 레몬(세로) 1/4개, 달걀 1개, 파슬리(잎, 줄기 포함) 1줄기
양념
마요네즈 70g, 소금 2g, 흰 후춧가루 2g, 식초 2mL

조리 방법

1 **재료 손질하기** 양파는 0.2cm 크기로 다져 소금을 살짝 뿌려 두었다가 면포에 물기를 꼭 짜고, 오이피클도 0.2cm로 다진다. ❶

2 **달걀 삶기** 냄비에 달걀을 넣고 달걀이 잠길 만큼의 물을 부은 후 소금을 넣고 달걀을 삶는다(물이 끓기 시작해서 15분 정도 삶는다.).

3 **달걀 다지기** 삶은 달걀의 흰자와 노른자를 분리하여 흰자는 0.2cm 크기로 다지고 노른자는 체에 내린다.

4 **파슬리가루 만들기** 파슬리는 잎만 모아 곱게 다져 면포에 싸서 물에 헹구어 물기를 꼭 짜서 파슬리가루를 만든다. ❷

5 **재료 섞기** 볼에 마요네즈, 양파, 피클, 달걀흰자, 달걀노른자, 파슬리가루, 레몬즙, 소금, 흰 후춧가루를 넣고 잘 섞는다. ❸, ❹

6 **완성하기** 완성 그릇에 소스를 담고 파슬리가루를 살짝 뿌린다.

 Key Point

- 재료를 곱게 다져서 마요네즈와 섞어야 소스가 부드럽다.
- 소스의 농도에 유의하여 만든다.

월도프샐러드
Waldorf Salad

시험 시간
20분

요구 사항

- 사과, 셀러리, 호두알을 사방 1cm 정도의 크기로 써시오.
- 사과의 껍질을 벗겨 변색되지 않게 하고, 호두알의 속껍질을 벗겨 사용하시오.
- 상추 위에 월도프샐러드를 담아내시오.

수험자 유의 사항

- 사과의 변색에 유의한다.

지급 재료

주재료와 부재료
사과 1개, 셀러리 30g, 호두 2개, 레몬(세로) 1/4개, 양상추 20g

양념
마요네즈 60g, 소금 2g, 흰 후춧가루 1g, 이쑤시개 1개

조리 방법

1 **재료 손질하기** 호두는 미지근한 물에 불리고, 양상추는 찬물에 담가 놓는다.

2 **재료 썰기** 셀러리는 섬유질을 제거하고 사방 1cm 크기로 썰고, 사과는 껍질과 씨를 제거하고 사방 1cm로 썰어 레몬즙 살짝 뿌려 갈변을 방지한다. ❶, ❷

3 **호두 속껍질 제거하기** 불린 호두는 이쑤시개를 이용하여 껍질을 깨끗하게 벗긴 후 사방 1cm 크기로 썰고 일부는 굵게 다진다. ❸

4 **양상추 다듬기** 양상추는 물기를 제거하고 모양 있게 다듬어 놓는다.

5 **버무리기** 볼에 마요네즈, 소금, 흰 후춧가루를 넣어 간을 한 후 썰어둔 사과, 셀러리, 호두를 넣고 고루 버무린다. ❹

6 **완성하기** 접시에 양상추를 깔고 버무린 샐러드를 담고 굵게 다진 호두를 고명으로 얹는다.

❶

❷

❸

❹

 **Key Point**

- 사과는 미리 썰어 두면 변색되므로 버무리기 직전에 썬다.
- 호두는 미지근한 물에 불려야 껍질이 잘 벗겨진다.

포테이토샐러드

시험 시간
30분

Potato Salad

요구 사항

- 감자는 껍질을 벗긴 후 1cm 정도의 정육면체로 썰어서 삶으시오.
- 양파는 곱게 다져 매운맛을 제거하시오.
- 파슬리는 다져서 사용하시오.

수험자 유의 사항

- 감자는 잘 익고 부서지지 않도록 유의하고 양파의 매운맛 제거에 유의한다.
- 양파와 파슬리는 뭉치지 않도록 버무린다.

지급 재료

주재료와 부재료
감자 1개, 양파(중) 1/6개, 파슬리(잎, 줄기 포함) 1줄기
양념
마요네즈 50g, 소금 5g, 흰 후춧가루 1g

조리 방법

1 재료 손질하기 감자는 깨끗이 씻은 후 껍질을 벗기고 사방 1cm 크기의 정사각형으로 썬 다음 ❶ 찬물에 담가 전분을 제거한다.

2 감자 삶기 끓는 물에 소금을 약간 넣고 감자를 넣어 부서지지 않게 삶은 후 건져 헹구지 말고 식힌다. ❷

3 재료 썰기 양파는 곱게 다져 소금을 약간 뿌려 두었다가 면포에 싸서 수분과 매운맛을 제거한다. ❸

4 파슬리가루 만들기 파슬리는 잎만 모아 곱게 다져 면포에 싸서 물에 헹구어 물기를 꼭 짜서 파슬리가루를 만든다.

5 버무리기 볼에 양파, 마요네즈, 소금, 흰 후춧가루를 넣고 고루 섞은 후 수분 제거한 감자를 넣어 부서지지 않도록 잘 버무려 준다. ❹

6 완성하기 완성 그릇에 버무린 샐러드를 담고 파슬리가루를 뿌려 낸다.

 Key Point

- 감자는 끓는 물에 소금을 넣고 삶아 체에 밭쳐 그대로 식혀서 사용한다.
- 감자는 삶는 도중 이쑤시개로 찔러 익은 정도를 확인한다. 푹 삶으면 버무릴 때 부서지므로 주의한다.
- 마요네즈 양을 적당히 조절한다.

해산물샐러드
Sea-food Salad

시험 시간
30분

지급 재료

주재료와 부재료

쿠르부용 양파 1/4개 중 3/4 분량, 당근 15g, 셀러리 10g, 마늘 1쪽, 레몬 1/4개 중 2/5개 분량, 실파 1줄기, 월계수잎 1잎, 흰 통후추 3개
해산물 새우 30~40g, 관자살 해동(50~60g) 1개, 피홍합(7cm) 3개, 중합(3cm) 3개
샐러드 채소 그린치커리 2줄기, 양상추 10g, 롤라로사 2잎, 딜 2줄기, 그린비타민 10잎

양념

레몬비네그레트 양파 1/4개 중 1/4개, 레몬 1/4개 중 3/5개, 올리브오일 20mL, 식초 10mL, 소금 5g, 흰 후춧가루 5g

조리 방법

1 **재료 손질하기** 양상추, 그린치커리, 롤라로사, 그린비타민은 찬물에 담가 둔다. 피홍합과 중합은 소금물에 담가 해감한다. ❶

2 **쿠르부용 만들기** 미르포아(양파, 당근, 셀러리)는 채 썰고, 마늘은 다지고, 실파는 2.5cm 길이로 썬다. 냄비에 물을 넣고 양파, 당근, 셀러리, 마늘, 실파, 월계수잎, 흰 통후추, 레몬 1쪽을 넣고 끓여 쿠르부용을 만든다.

3 **해산물 손질하기** 새우는 등쪽 내장을 제거하고 껍질을 벗기지 않고 쿠르부용에 넣어 삶아 바로 찬물에 식혀서 꼬리 1마디만 남기고 껍질을 벗긴다. 피홍합과 중합은 쿠르부용에 삶아 건져 식히고 껍질을 벌려 홍합살과 중합살을 꺼내 준비한다. 관자살은 질긴 막을 제거하고 0.3cm 두께로 원형 그대로 썰어 쿠르부용에 살짝 삶아 꺼내어 바로 식힌다. ❷

4 **샐러드 채소 준비하기** 그린치커리, 양상추, 롤라로사, 딜은 물기를 제거한 후 손으로 뜯어서 적당한 크기로 손으로 떼어 준비한다.

5 **레몬비네그레트 만들기** 양파를 곱게 다져 물기를 제거하고 레몬즙과 올리브오일, 식초, 소금, 흰 후춧가루를 넣어 분리되지 않게 섞어 레몬비네그레트를 만든다.

6 **완성하기** 완성 그릇에 채소와 데친 해산물을 담고 레몬비네그레트를 뿌려 낸다. ❸

 Key Point

- 해산물은 주어진 특성에 맞게 손질하고 익히는 정도에 주의한다.
- 다진 양파, 레몬즙, 올리브오일을 1 : 2 : 1의 비율로 섞어 소금, 흰 후춧가루를 넣고 잘 섞어 레몬비네그레트소스를 만든다.

시저샐러드

Caesar salad

시험 시간
35분

요구 사항

- 달걀노른자, 카놀라오일, 레몬즙, 디존 머스터드, 화이트와인식초를 사용하여 마요네즈(mayonnaise)를 만드시오.
- 마요네즈를 기본으로 하여 시저드레싱(caesar dressing)을 만드시오.
- 파미지아노 레기아노는 강판이나 채칼을 사용하시오.
- 로메인 상추, 곁들임(크루통, 파미지아노 레기아노, 베이컨), 시저드레싱을 사용하여 시저샐러드(caesar salad)를 만들어 전량 제출하시오.
- 완성된 마요네즈와 시저드레싱은 별도의 그릇에 담아 각 100g 정도씩 제출하시오.

수험자 유의 사항

- 조리작품 만드는 순서는 틀리지 않게 하여야 한다.
- 숙련된 기능으로 맛을 내야 하므로 조리 작업 시 음식의 맛을 보지 않는다.

지급 재료

달걀(60g 정도) 2개, 디존 머스타드 10g, 레몬 1개, 로메인 상추 50g, 마늘 1쪽, 베이컨 15g, 앤초비 3개, 올리브오일(extra virgin) 20mL, 카놀라오일 300mL, 식빵(슬라이스) 1개, 검은 후춧가루 5g, 파미지아노 레기아노(덩어리) 20g, 화이트와인식초 20mL, 소금 10g

조리 방법

1 마요네즈 만들기 마요네즈(mayonnaise)는 달걀노른자, 카놀라오일, 레몬즙, 디존 머스터드, 화이트와인식초를 사용하여 재빨리 저어가며 마요네즈를 만든다.

2 시저드레싱 만들기 시저드레싱(caesar dressing)은 만든 마요네즈에 마늘을 다지고, 앤초비도 다지고 검은 후춧가루, 레기아노, 올리브오일, 디존 머스터드, 레몬즙과 함께 섞는다.

3 치즈 준비하기 파미지아노 레기아노(치즈)는 2의 시저드레싱 섞은 것에 반쯤 분량만 강판이나 채칼을 사용하여 갈아 넣는다.

4 재료 손질하기 곁들임(크루통(1cm x 1cm)은 식빵을 바삭하게 구워 가로×세로 1cm 로 썰고 베이컨도 구워서 (폭 0.5cm)로 썰어 놓는다.

5 재료 썰기 로메인 상추(상추)를 깨끗히 씻어 물기를 제거한 후 적당히 3~5cm로 썰어 놓는다.

6 재료 섞기 시저샐러드(caesar salad) 완성품은 물기 제거한 로메인 상추(상추)를 그릇에 담고 시저드레싱으로 버무린 다음 곁들임(크루통(1cm x 1cm구운 식빵)과 구운 베이컨(폭 0.5cm)을 상추 위에 예쁘게 장식한 후 올린 다음 반 남은 치즈(파미지아노 레기아노)를 샐러드 위에 채칼로 갈아 뿌려 완성한다.

7 완성하기 마요네즈(100g), 시저드레싱(100g), 시저샐러드(전량)를 만들어 3가지를 각각 별도의 그릇에 담아 제출한다.

사우전드아일랜드드레싱
Thousand Island Dressing

시험 시간
20분

<table>
<tr><td>

요구 사항
- 드레싱은 핑크빛이 되도록 하시오.
- 다지는 재료는 0.2cm 정도의 크기로 하시오.

</td><td>

수험자 유의 사항
- 다진 재료의 물기를 제거한다.

</td></tr>
</table>

지급 재료

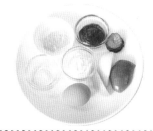

주재료와 부재료
달걀 1개, 양파(중) 1/6개, 오이피클 1/2개, 청피망 1/4개, 레몬(세로) 1/4개
양념
토마토케첩 20g, 마요네즈 70g, 식초 10mL, 소금 2g, 흰 후춧가루 1g

조리 방법

1 **재료 손질하기** 냄비에 달걀을 넣고 달걀이 잠길 만큼 물을 부은 후 소금을 넣고 달걀을 삶아 흰자는 0.2cm 크기로 다지고 노른자는 체에 내린다(물이 끓기 시작해서 12분 정도 삶는다.).

2 **재료 썰기** 양파는 0.2cm 크기로 다져 소금을 살짝 뿌려 두었다가 면포에 물기를 꼭 짜고, 청피망, 오이피클도 0.2cm로 다진다. **❶**, **❷**

3 **완성하기** 볼에 마요네즈와 토마토케첩을 섞어 핑크빛으로 맞추고 다진 재료를 모두 넣은 후 레몬즙, 식초, 소금, 흰 후춧가루를 넣고 고루 섞어 완성 그릇에 담는다. **❸~❺**

Key Point

- 마요네즈와 케첩의 비율은 3 : 1로 한다.
- 소스와 속재료를 혼합해 놓았을 때 농도는 약간 흐르듯이 해야 한다.

피시뫼니에르

시험 시간
30분

Fish Meuniere

• 생선은 5장 뜨기로 길이를 일정하게 하여 4쪽을 구워 내시오.

• 버터, 레몬, 파슬리를 이용하여 소스를 만들어 사용하시오.

• 소스와 함께 레몬과 파슬리를 곁들여 내시오.

수험자 유의 사항

• 생선살은 흐트러지지 않게 5장 포 뜨기를 한다.

• 생선의 담는 방법에 유의한다.

지급 재료

주재료와 부재료
가자미(250~300g 정도) 1마리, 레몬 (세로) 1/2개, 파슬리(잎, 줄기 포함) 1줄기, 밀가루(중력분) 30g

양념
소금 2g, 흰 후춧가루 2g, 버터 50g

조리 방법

1 재료 준비하기 파슬리는 찬물에 담가 놓는다. 레몬은 반으로 갈라 반은 장식용으로 사용하고 반은 소스용(레몬즙)으로 사용한다.

2 생선 포 뜨기 가자미는 비늘을 긁어내고 머리를 잘라 내장을 제거한 후 깨끗이 씻어 물기를 닦아 5장 뜨기(앞 2장, 뒤 2장, 뼈 1개)를 한다. ❶, ❷

3 생선 포 정리하기 포 뜬 생선은 껍질을 벗기고 가장자리를 정리한 후 소금, 흰 후춧가루로 간을 한다. ❸, ❹

4 생선 굽기 가자미살의 물기를 제거한 후 밀가루를 앞, 뒤로 골고루 입힌다. 팬에 버터를 충분히 녹이고 뼈쪽의 생선살을 먼저 지진 후 뒤집어서 노릇하게 굽는다. ❺

5 버터소스 만들기 팬에 버터를 두르고 연한 갈색이 나도록 한 후 레몬즙을 짜서 넣어 버터소스를 만든다.

6 완성하기 생선살을 접시에 담고 위에 버터소스를 골고루 끼얹고 레몬과 파슬리로 장식한다.

 Key Point

■ 생선살에 밀가루가 많이 묻지 않게 주의한다.

■ 팬에 버터를 두르고 뼈쪽 살을 먼저 지지고 접시에 담을 때도 그 면이 위로 오도록 담는다.

■ 생선살을 접시에 담을 때는 부채꼴 형태로 겹쳐서 담고 버터소스를 끼얹는다.

솔모르네

Sole Mornay

시험 시간
40분

요구 사항

- 피시스톡과 베샤멜소스를 만드시오.
- 생선은 포칭(poaching)하시오.
- 생선은 5장 뜨기하고, 수량은 같은 크기로 4개 제출하시오.
- 카옌페퍼를 뿌려 내시오.

수험자 유의 사항

- 소스의 농도에 유의한다.
- 생선살이 흐트러지지 않도록 5장 뜨기를 한다.
- 생선뼈는 지급된 생선으로 사용한다.

지급 재료

주재료와 부재료

가자미(250~300g) 1마리, 양파(중) 1/3개, 우유 200mL, 레몬(세로) 1/4개, 파슬리(잎, 줄기) 1줄기, 치즈 1장, 월계수잎 1잎, 정향 1개, 밀가루(중력분) 30g, 흰 통후추 3개

양념

소금 2g, 카옌페퍼 2g, 버터 50g

조리 방법

1 **생선 포 뜨기** 가자미는 비늘을 긁어내고 머리를 잘라 내장을 제거한 후 깨끗이 씻어 물기를 닦아 5장 뜨기(앞 2장, 뒤 2장, 뼈 1개)를 한다. 포 뜬 생선은 껍질을 벗기고 가장자리를 정리한 후 소금, 흰 후춧가루로 간을 한다.

2 **생선뼈 정리하기** 살을 발라낸 뼈는 지느러미와 꼬리를 잘라 내고 깨끗이 씻은 후 물기를 제거하고 3~4cm 정도로 토막을 낸다.

3 **재료 썰기** 양파는 2/3는 채 썰고 1/3은 굵게 다진다. 치즈도 다진다.

4 **피시스톡 끓이기** 냄비에 버터를 두르고 채 썬 양파와 손질한 뼈를 넣고 살짝 볶은 후 물을 붓고 흰 통후추, 파슬리 줄기, 월계수잎, 정향을 넣고 끓인 후 레몬즙을 넣고 면포에 걸러 피시스톡을 만든다.

5 **이쑤시개로 고정하기** 밑간한 가자미살은 물기를 제거하고 뼈쪽에 있는 살이 밖으로 가도록 꼬리쪽부터 말아 이쑤시개로 고정한다.

6 **생선 익히기** 냄비에 버터를 두르고 다진 양파를 바닥에 깐 후 모양낸 가자미살을 간격을 두고 얹고 피시스톡을 냄비 바닥에 자작하게 부어 뚜껑을 덮고 중불 이하에서 찌듯이 익힌다. 익은 생선살을 꺼내어 면포 위에 얹어 수분을 제거하고 식으면 이쑤시개를 돌려서 빼낸다.

7 **모르네소스 만들기** 냄비에 버터를 두르고 녹으면 밀가루를 넣고 볶아 화이트루를 만든다. 여기에 피시스톡을 조금씩 넣어가며 풀어 준 다음 양파와 정향을 넣고 함께 끓여 준다. 농도가 생기면 우유와 치즈를 넣고 치즈가 녹도록 나무주걱으로 잘 저어 준다. 소스가 완성되면 양파와 정향을 건져내고 소금, 흰 후춧가루로 간을 한다.

8 **완성하기** 생선살을 완성 그릇에 담고 모르네소스를 끼얹은 뒤 카옌페퍼를 위에 뿌려 낸다.

 Key Point

- 베샤멜소스를 만들 때 농도에 주의한다.
- 냄비 바닥에 생선살이 달라붙는 것을 방지하기 위해서 냄비 바닥에 버터를 바르고 굵게 다진 양파를 깐 후 생선살을 얹고, 피시스톡은 양파가 깔린 높이만큼 넣어 준다.

● 생선요리 ●

프렌치프라이드슈림프
French Fried Shrimp

시험 시간
25분

지급 재료

주재료와 부재료
새우 50~60g, 달걀 1개, 레몬(세로) 1/6개, 파슬리(잎, 줄기 포함) 1줄기, 밀가루(중력분) 80g, 냅킨(기름 제거용) 2장, 이쑤시개 1개

양념
소금 2g, 흰 후춧가루 2g, 백설탕 2g, 식용유 500mL

조리 방법

1 재료 손질하기 파슬리는 깨끗이 씻어 찬물에 담가 둔다. 레몬은 씨와 피막을 제거하고 양 끝을 정리한다.

2 새우 손질하기 새우를 깨끗이 씻어 머리에서 2~3번째 마디에 있는 내장을 이쑤시개를 이용해 제거하고 꼬리쪽에서 1마디만 껍질을 남기고 나머지는 껍질을 벗긴 후 꼬리에 달린 물주머니를 제거하고 꼬리 부분을 V자로 정리한다. ❶

3 새우 간 하기 손질한 새우의 배 쪽에 사선으로 3~4회 칼집을 넣은 다음 새우의 모양이 휘지 않도록 잡아주고 소금, 흰 후춧가루로 간을 한다. ❷

4 흰자 거품 내기 달걀은 흰자와 노른자를 분리하여 볼에 흰자를 넣고 거품기를 이용해 거품을 낸다. ❸

5 기름 예열하기 튀김기름의 온도를 160℃~170℃로 올려 준비한다.

6 튀김옷 만들기 찬물 1큰술, 달걀노른자 1큰술, 백설탕 약간만 먼저 거품기로 잘 섞은 후 밀가루 3큰술을 넣고 거품기로 가볍게 섞는다. 밀가루가 섞이면 흰자거품 2큰술을 넣어 가볍게 섞어 준다.

7 튀기기 새우의 수분을 완전히 제거한 뒤 꼬리쪽 첫 마디를 남기고 밀가루를 살짝 묻힌 후 튀김옷을 골고루 묻혀 구부러지지 않게 튀긴다. 튀긴 새우를 냅킨에 올려 기름기를 제거한다. ❹

8 완성하기 완성 그릇에 새우의 꼬리를 세워서 담고 레몬과 파슬리로 장식한다.

 Key Point

- 새우가 구부러지지 않게 배쪽에 칼집을 어슷하게 3~4번 넣어 준 후 펴 준다.
- 새우의 물총(물주머니)을 제거해야 튀길 때 기름이 튀지 않는다.
- 튀김 반죽은 많이 젓게 되면 글루텐이 형성되어 질겨진다.
- 튀김 반죽을 미리 만들면 옷이 질겨지므로 튀기기 직전에 만든다.

바비큐포크찹

Barbecued Pork Chop

시험 시간
40분

지급 재료

주재료와 부재료
돼지갈비(살 두께 5cm 이상/뼈 포함 길이 10cm) 200g, 양파(중) 1/4개, 셀러리 30g, 마늘 1쪽, 레몬(세로)1/6개, 밀가루(중력분) 10g, 월계수잎 1잎

양념
토마토케첩 30g, 황설탕 10g, 핫소스 5mL, 우스터소스 5mL, 소금 2g, 검은 후춧가루 2g, 식초 10mL, 버터(무염) 10g, 식용유 30mL, 비프스톡(또는 물) 200mL

조리 방법

1 **갈비 손질하기** 돼지갈비는 기름기를 제거하고 뼈를 붙인 채로 0.7cm 두께로 포를 떠서 잔 칼집을 넣고 소금, 검은 후춧가루로 밑간을 한다. ❶

2 **재료 손질하기** 양파, 셀러리, 마늘은 0.3cm~0.4cm 크기로 다진다.

3 **갈비 지지기** 밑간한 갈비는 밀가루를 앞뒤로 골고루 묻힌 다음 팬에 식용유와 버터를 두르고 노릇하게 지진다. ❷

4 **소스 만들기** 냄비에 버터를 두르고 다진 마늘, 양파, 셀러리를 충분히 볶은 후 토마토 케첩을 넣어 볶는다. 여기에 비프스톡(물), 황설탕, 우스터소스, 핫소스, 레몬즙, 식초, 월계수잎, 넣고 끊으면 노릇하게 지진 돼지갈비를 넣고 끊인다. ❸, ❹

5 **조리기** 돼지갈비 위에 소스를 끼얹어 가면서 조린다. 고기가 익고 소스가 졸아들면 월계수잎을 건져내고 소금과 검은 후춧가루로 간을 한다.

6 **완성하기** 완성 그릇에 소스를 담고 파슬리가루를 살짝 뿌린다.

 **Key Point**

■ 밀가루옷을 얇게 입혀 팬에 노릇노릇하게 지진다.
■ 소스의 농도가 되직하게 졸여지지 않도록 주의한다.

비프스튜
Beef Stew

요구 사항

- 완성된 소고기와 채소의 크기는 1.8cm 정도의 정육면체로 하시오.
- 브라운루(Brown roux)를 만들어 사용하시오.
- 그릇에 비프스튜를 담고 파슬리 디진 것을 뿌려 내시오.

수험자 유의 사항

- 소스의 농도와 분량에 유의한다.
- 고기와 채소는 형태를 유지하면서 익히는 데 유의한다.

지급 재료

주재료와 부재료
쇠고기(살코기) 100g, 양파(중) 1/4개, 당근 70g, 셀러리 30g, 감자 1/3개, 마늘 1쪽, 파슬리(잎, 줄기 포함) 1줄기, 밀가루(중력분) 25g, 토마토페이스트 20g, 월계수잎 1잎, 정향 1개

양념
소금 2g, 검은 후춧가루 2g, 버터 30g

조리 방법

1 재료 준비하기 쇠고기는 핏물을 제거한 후 2×2cm 크기로 썰어 소금, 검은 후춧가루로 밑간하여 밀가루를 살짝 묻힌다.

2 재료 손질하기 당근, 감자, 양파, 셀러리를 1.8×1.8cm 크기로 썰어 당근과 감자는 모서리를 둥글게 다듬는다. 마늘은 다지고, 파슬리는 잎만 모아 곱게 다져 면포에 싸서 물에 헹구어 물기를 꼭 짜서 파슬리가루를 만든다.

3 재료 볶기 팬에 버터를 두르고 마늘, 양파, 셀러리, 당근, 감자 순으로 타지 않게 볶아 접시에 담고 밀가루 묻힌 쇠고기를 갈색이 나도록 지진다.

4 브라운루 만들기 냄비에 버터를 녹여 밀가루를 넣고 약한 불에서 짙은 갈색이 나도록 볶아 브라운루를 만든다.

5 끓이기 4에 토마토페이스트를 넣고 볶은 후 물을 넣어 가며 풀어 주고 볶은 채소와 쇠고기, 월계수잎, 정향을 넣고 끓여 준다.

6 완성하기 농도가 나고 재료가 충분히 익으면 월계수잎과 정향을 건져내고 소금, 검은 후춧가루로 간을 하여 완성 그릇에 담고 파슬리가루를 위에 뿌린다.

 Key Point

- 팬에 채소를 먼저 볶아 내고, 쇠고기는 밀가루를 살짝 묻혀 육즙이 빠져나오지 않도록 갈색이 나도록 볶아 낸다.
- 소스의 농도와 색에 주의한다.

솔즈베리스테이크
Salisbury Steak

시험 시간
40분

지급 재료

주재료와 부재료
쇠고기(간 것)130g, 양파(중) 1/6개, 감자 1/2개, 시금치 70g, 당근 70g, 달걀 1개, 빵가루 20g, 우유 10mL

양념
소금 2g, 검은 후춧가루 2g, 버터 50g, 식용유 150mL, 백설탕 25g

조리 방법

1 재료 준비하기 감자는 가로세로 두께 1×1cm, 길이 5cm 로 썰어 찬물에 담가 놓는다. 당근은 0.5cm 두께로 둥글게 썰어 비취(vichy) 모양으로 다듬는다. 시금치는 뿌리를 떼고 깨끗이 씻는다.

2 재료 손질하기 쇠고기는 힘줄과 기름기를 제거하고 종이타월에 핏물을 제거한다. 양파는 곱게 다진다.

3 재료 데치기 끓는 물에 소금을 넣고 감자, 당근, 시금치 순으로 뚜껑을 열고 데쳐 내어 감자는 수분을 제거하고, 시금치는 찬물에 헹구어 물기를 제거하고 5cm 길이로 자른다.

4 양파 볶기 다진 양파는 시금치와 볶을 양을 남기고 나머지는 볶아 펼쳐 식힌다. ❶

5 당근 조리기 데친 당근은 냄비에 넣고 버터, 식용유 약간, 설탕 1큰술, 물 4~5큰술 넣어 윤기 나게 조린다.

6 감자 튀기기 물기를 제거한 감자는 기름에 노릇하게 튀겨 뜨거울 때 소금을 살짝 뿌린다. ❷

7 스테이크 반죽하기 볼에 다진 쇠고기, 볶은 양파, 소금, 검은 후춧가루, 달걀물(1큰술), 빵가루, 우유를 넣고 고루 섞어 충분히 치대어 준다. ❸

8 스테이크 모양 잡기 도마 위에 기름을 살짝 바르고 반죽한 고기를 올려 두께 1.5cm, 길이 13cm, 폭 9cm 정도의 럭비공 모양(타원형)으로 만든다. ❹

9 스테이크 굽기 팬에 식용유와 버터를 두르고 모양 잡은 고기의 앞뒤가 갈색이 나도록 지진다. ❺

10 완성하기 완성 그릇에 감자, 시금치, 당근 순으로 놓고 가운데에 구운 고기를 얹어 낸다.

 Key Point

- 양파는 곱게 다져 볶은 후 완전히 식혀서 반죽에 넣어야 수분이 생기지 않는다.
- 고기 반죽은 오래 치대어 끈기가 있어야 부서지지 않고 모양을 유지할 수 있다.
- 고기가 익으면서 가운데 부분이 볼록해지므로 살짝 눌러가며 굽는다.

설로인스테이크
Sirloin Steak

시험 시간 **30**분

요구 사항
- 스테이크는 미디엄(medium)으로 구우시오.
- 더운 채소(당근, 감자, 시금치)를 각각 모양 있게 만들어 함께 내시오.

수험자 유의 사항
- 스테이크의 색에 유의한다(곁들이는 소스는 생략).
- 주어진 조미 재료를 활용하여 더운 채소의 요리법(색, 모양 등)에 유의한다.

지급 재료

주재료와 부재료
쇠고기 등심(덩어리) 200g, 감자 1/2개, 시금치 70g, 양파 1/6개, 당근 70g
양념
소금 2g, 검은 후춧가루 1g, 버터 50g, 식용유 150mL, 백설탕 25g

조리 방법

1 재료 손질하기 감자는 두께 1×1cm, 길이 5cm로 썰어 찬물에 담가 놓는다. 당근은 0.5cm 두께로 둥글게 썰어 비취(vichy) 모양으로 다듬는다. 시금치는 뿌리를 떼고 깨끗이 씻는다.

2 양파 다지기 양파는 곱게 다진다.

3 재료 데치기 끓는 물에 소금을 넣고 감자, 당근, 시금치 순으로 뚜껑을 열고 데쳐내어 감자는 수분을 제거하고, 시금치는 찬물에 헹궈 물기를 제거하고 5cm 길이로 자른다.

4 당근 조리기 데친 당근은 냄비에 넣고 버터, 식용유 약간, 설탕 1큰술, 물 4~5큰술 넣어 윤기나게 조린다.

5 감자 튀기기 물기를 제거한 감자는 기름에 노릇하게 튀겨 뜨거울 때 소금을 살짝 뿌린다.

6 시금치 볶기 시금치는 팬에 버터를 살짝 두르고 다진 양파를 넣어 볶으면서 시금치를 넣어 살짝 볶고 소금, 검은 후춧가루로 간을 한다.

7 쇠고기 손질하기 쇠고기는 힘줄과 기름을 제거하고 가볍게 두드린 후 소금, 검은 후춧가루로 간을 하고 식용유를 살짝 발라 준다.

8 쇠고기 굽기 팬을 달구어 식용유를 두르고 고기를 넣어 갈색이 나면 뒤집어서 미디엄으로 굽는다.

9 완성하기 완성 그릇에 감자, 시금치, 당근 순으로 놓고 가운데 구운 등심을 담아낸다.

 Key Point

■ 등심은 고온에서 앞뒤로 익혀 색을 내고, 중간불에 익혀서 육즙이 흐르지 않도록 굽는다.

치킨커틀릿

Chicken Cutlet

시험 시간
30분

지급 재료

주재료와 부재료
닭다리(허벅지살 포함) 1개, 달걀 1개, 밀가루(중력분) 30g, 빵가루(마른 것) 50g
양념
소금 2g, 검은 후춧가루 2g, 식용유 500mL, 냅킨(흰색) 2장

조리 방법

1 **닭 손질하기** 닭다리는 깨끗이 씻은 후 물기를 제거
하고 껍질이 붙은 채로 살을 발라낸 후 힘줄을 제거
하고 두께가 0.7cm 정도 되도록 포를 뜬다. ❶

2 **간 하기** 포 뜬 닭은 앞뒤로 충분히 칼집을 넣고 소
금과 검은 후춧가루로 간을 한다. ❷

3 **닭에 튀김옷 입히기** 손질한 닭에 밀가루, 달걀물, 빵
가루 순으로 옷을 입힌다. ❸, ❹

4 **튀기기** 170℃로 예열된 기름에 황금색이 나도록 바
삭하게 튀긴다. ❺, ❻

5 **기름 제거하기** 튀긴 닭은 체에 밭쳐 기름을 빼고 냅
킨 위에 올려 기름을 제거한다.

6 **완성하기** 기름을 제거한 치킨커틀릿을 담아낸다.

 Key Point

- 닭의 두께가 너무 두꺼우면 타기 쉬우므로 0.7cm 정도로 포를 뜬다.
- 튀김 기름의 온도는 160~180℃를 유지한 후 튀김냄비 옆으로 밀어 넣어 모양을 유지하면서 황금색이 되도록 바삭하게 튀긴다.

치킨알라킹
Chicken Ala King

시험 시간
30분

요구 사항

- 완성된 닭고기와 채소, 버섯의 크기는 1.8×1.8cm 정도로 균일하게 하시오(단, 지급된 재료의 크기에 따라 가감한다.).
- 닭뼈를 이용하여 치킨 육수를 만들어 사용하시오.
- 화이트루(roux)를 이용하여 베샤멜소스(Bechamel Sauce)를 만들어 사용하시오.

수험자 유의 사항

- 소스의 색깔과 농도에 유의한다.

[지급 재료]

주재료와 부재료
닭다리(허벅지살 포함) 1개, 양파(중) 1/6개, 청피망 1/4개, 홍피망 1/6개, 양송이 20g, 우유 150mL, 생크림 20g, 밀가루(중력분) 15g, 월계수잎 1잎, 정향 1개

양념
소금 2g, 흰 후춧가루 2g, 버터 20g

[조리 방법]

1 재료 썰기 양파와 청·홍피망은 1.8×1.8cm 크기로 썰고 양송이는 껍질을 벗겨 모양을 살려 썬다.

2 닭 손질하기 닭다리는 깨끗이 씻은 후 물기를 제거하고 껍질을 제거한 후 2×2cm 크기로 썬다. ❶ ~❺

3 닭육수 끓이기 냄비에 닭살과 닭뼈, 양파 한쪽을 넣고 물을 넣어 끓인다. 닭살이 익으면 면포에 걸러서 닭살과 육수를 따로 분리한다. ❻

4 재료 볶기 팬에 버터를 살짝 두르고 양파, 양송이, 피망 순으로 볶아 접시에 담아 놓는다.

5 화이트루 만들기 냄비에 버터를 녹여 밀가루를 넣고 약불에서 충분히 볶아 화이트루를 만든다.

6 베샤멜소스 만들기 5에 육수를 조금씩 부어 멍울이 없도록 완전히 풀어 준 후 월계수잎, 정향을 넣고 은근하게 끓여 베샤멜소스를 만든다. ❼

7 끓이기 6의 베샤멜소스에 닭살, 볶아 둔 양파 양송이, 피망을 넣고 우유와 생크림으로 맛과 농도를 맞춘다. 월계수잎과 정향을 건져 내고 소금과 흰 후춧가루로 간을 한다. ❽

8 완성하기 완성 그릇에 치킨알라킹을 담아낸다.

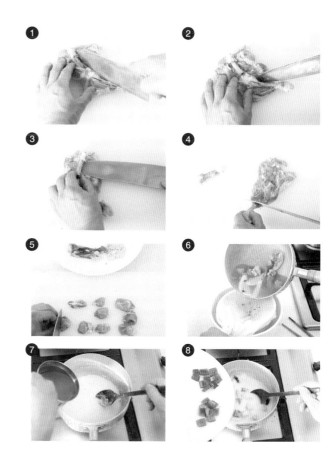

 Key Point

- 양송이 모양이 깨지지 않게 주의한다.
- 베샤멜소스의 농도에 주의한다.
- 홍피망은 색을 유지하기 위하여 마지막에 넣고 살짝 끓여 준다.

BLT샌드위치
Bacon, Lettuce, Tomato Sandwich

시험 시간
30분

요구 사항

- 빵은 구워서 사용하시오.
- 토마토는 0.5cm 정도의 두께로 썰고, 베이컨은 구워서 사용하시오.
- 완성품은 모양 있게 썰어 전량을 내시오.

수험자 유의 사항

- 베이컨의 굽는 정도와 기름 제거에 유의한다.
- 샌드위치의 모양이 나빠지지 않도록 썰 때 유의한다.

지급 재료

주재료와 부재료
식빵(샌드위치용) 3조각, 베이컨 2장, 양상추 20g, 토마토(중) 1/2개

양념
마요네즈 30g, 소금 3g, 검은 후춧가루 1g

조리 방법

1 **재료 손질하기** 양상추는 찬물에 담가 싱싱하게 한다.

2 **식빵 토스트하기** 식빵은 기름을 두르지 않은 팬에 양면이 노릇하게 토스트한다. ❶

3 **베이컨 굽기** 베이컨은 기름 두르지 않은 팬에 노릇하게 구워 키친타월 위에 올려 기름을 제거하고 빵 길이에 맞추어 썬다.

4 **토마토 썰기** 토마토는 두께 0.5cm 원형으로 잘라 소금, 검은 후춧가루를 살짝 뿌려 두었다가 수분을 제거한다. 양상추는 수분을 제거하고 식빵 크기에 맞추어 뜯어 놓는다. ❷

5 **샌드위치 만들기** 토스트한 식빵에 마요네즈를 바르고 양상추, 베이컨을 올려놓고 양면에 마요네즈 바른 빵을 올려 준 뒤 양상추, 토마토를 올리고 다시 마요네즈를 바른 빵 순으로 얹는다. ❸

6 **완성하기** 이쑤시개를 이용하여 샌드위치를 고정하고 칼을 살짝 달구어 4면의 가장자리를 잘라 내고 삼각형으로 모양이 나게 잘라 완성 그릇에 담는다. ❹

 Key Point

- 식빵 토스트는 기름을 두르지 않고 양면을 노릇하게 구운 후 수분이 생기지 않게 나무 젓가락을 이용하여 그 위에 얹어 식힌다.
- 양상추는 물기를 완전히 제거한다.
- 샌드위치를 자를 때 모양이 흐트러지지 않도록 주의한다.

햄버거샌드위치

Hamburger Sandwich

시험 시간
30분

<table>
<tr>
<td>

요구 사항

- 빵은 버터를 발라 구워서 사용하시오.
- 구워진 고기의 두께는 1cm 정도로 하시오.
- 토마토, 양파는 0.5cm 정도의 두께로 썰고 양상추는 빵 크기에 맞추시오.
- 샌드위치는 반으로 잘라 내시오.

</td>
<td>

수험자 유의 사항

- 구워진 고기가 단단하거나 부서지지 않도록 한다.
- 빵에 수분이 흡수되지 않도록 한다.

</td>
</tr>
</table>

지급 재료

주재료와 부재료
햄버거빵 1개, 쇠고기(살코기) 100g, 양파(중) 1개, 셀러리 30g, 토마토(중) 1/2개, 양상추 20g, 달걀 1개, 빵가루(마른 것) 30g

양념
소금 3g, 검은 후춧가루 1g, 버터 15g, 식용유 20mL

조리 방법

1 **재료 손질하기** 양상추는 찬물에 담가 싱싱하게 한다.

2 **햄버거빵 토스트하기** 햄버거빵은 가로로 반을 자른 후 기름을 두르지 않은 팬에 노릇하게 토스트하여 식힌다.

3 **토마토 썰기** 토마토는 두께 0.5cm의 원형으로 잘라 소금, 검은 후춧가루를 살짝 뿌려 두었다가 수분을 제거한다.

4 **양파 썰기** 양파는 0.5cm 정도의 두께로 원형으로 자르고, 나머지는 곱게 다진다.

5 **셀러리 다지기** 셀러리는 섬유질을 제거하고 곱게 다진다.

6 **쇠고기 다지기** 쇠고기는 핏물을 제거한 후 힘줄과 기름기를 제거하고 곱게 다진다.

7 **재료 볶기** 원형으로 썬 양파는 기름 없는 팬에 구워 내고 다진 양파와 셀러리는 기름을 약간 두른 팬에 볶은 후 펼쳐서 식힌다.

8 **고기 반죽하기** 볼에 다진 쇠고기와 볶아서 식힌 양파, 셀러리, 소금, 검은 후춧가루, 달걀물 1큰술, 빵가루 1~2큰술을 넣고 고루 섞어 끈기가 생기도록 많이 치댄다. ❶

9 **굽기** 치댄 고기 반죽을 햄버거빵보다 직경 1~1.5cm로 크게 만들고, 두께는 0.6~0.7cm 정도로 둥글게 모양을 잡아 팬에 기름 두르고 가장자리가 타지 않게 지져 낸다. ❷

10 **완성하기** 햄버거빵의 토스트한 면에 버터를 바르고 양상추를 놓고 그 위에 버터를 바르고 지져 낸 고기, 양파, 토마토 순으로 얹은 후 햄버거빵을 덮어 반으로 자른 후 완성 그릇에 담는다. ❸, ❹

 Key Point

- 빵은 노릇하게 토스트하고 펼쳐서 식힌다.
- 고기 반죽은 겉만 타고 속은 익지 않으므로 양면을 먼저 익힌 다음 뚜껑을 덮고 약불에서 은근히 익힌다.

스파게티카르보나라
Spaghetti Carbonara

시험 시간
30분

- 스파게티면은 알 단테(al dante)로 삶아서 사용하시오.
- 파슬리는 다지고 통후추는 곱게 으깨어 사용하시오.
- 휘핑크림은 달걀노른자를 이용한 리에종과 소스에 사용하시오.

수험자 유의 사항

- 크림에 리에종을 넣어 소스 농도를 잘 조절하며, 소스가 분리되지 않도록 한다.
- 조리 작품 만드는 순서는 틀리지 않게 하여야 한다.
- 숙련된 기능으로 맛을 내야 하므로 조리 작업 시 음식의 맛을 보지 않는다.

지급 재료

주재료와 부재료
스파게티면(건조면) 80g, 베이컨(15∼20cm) 2장, 달걀 1개, 파슬리(잎, 줄기 포함) 1줄기, 검은 통후추 5개, 생크림 180mL

양념
버터 20g, 파르메산 치즈가루 10g, 소금 2g, 올리브오일 20mL, 식용유 20mL

조리 방법

1 **재료 손질하기** 베이컨은 1cm 길이로 썰고, 통후추는 곱게 으깨 놓고, 파슬리는 잎만 모아 곱게 다져 면포에 싸서 물에 헹구어 물기를 꼭 짜서 파슬리가루를 만든다. ❶

2 **리에종소스 만들기** 생크림 3큰술에 달걀노른자 1개를 넣어 리에종소스를 만든다.

3 **스파게티면 삶기** 냄비에 물을 올려 끓으면 소금을 조금 넣고 스파게티면을 8∼10분간 가운데 하얀 심이 남아 있는 알 단테(al dante)로 삶아 찬물에 헹구지 않고 체에 건져 놓는다. ❷

4 **재료 볶기** 팬을 달구어 올리브오일과 버터를 약간 두르고 베이컨을 넣어 노릇노릇하게 볶다가 통후추를 넣어 함께 살짝 볶는다. 생크림을 넣고 끓으면 삶은 스파게티면을 넣고 끓인 후 파르메산 치즈가루를 넣고 소금으로 간을 한다. ❸∼❺

5 **완성하기** 불을 끄고 리에종소스를 넣어 골고루 섞은 후 완성 접시에 담고 파슬리가루를 뿌려 낸다.

 Key Point

- 스파게티면을 삶을 때는 냄비 가장자리부터 방사형으로 펼쳐 넣어야 서로 달라붙지 않는다. 삶은 후에는 절대 찬물에 헹구지 않는다.
- 버터와 리에종은 불을 끄고 넣어야 달걀노른자가 익지 않고 버터가 분리되지 않는다.

토마토소스해산물스파게티
Seafood Spaghetti Tomato Sauce

시험 시간
35분

요구 사항

- 스파게티면은 알 단테(al dante)로 삶아서 사용하시오.
- 조개는 껍질째, 새우는 껍질을 벗겨 내장을 제거하고, 관자살은 편으로 썰고, 오징어는 0.8×5cm 정도 크기로 썰어 사용하시오.
- 해산물은 화이트와인을 사용하여 조리하고, 마늘과 양파는 해산물 조리와 토마토소스 조리에 나누어 사용하시오.
- 바질을 넣은 토마토소스를 만들어 사용하시오.
- 스파게티는 토마토소스에 버무리고 다진 파슬리와 슬라이스 한 바질을 넣어 완성하시오.

수험자 유의 사항

- 토마토소스는 자작한 농도로 만들어야 한다.
- 스파게티는 토마토소스와 잘 어우러지도록 한다.
- 조리 작품 만드는 순서는 틀리지 않게 하여야 한다.
- 숙련된 기능으로 맛을 내야 하므로 조리 작업 시 음식의 맛을 보지 않는다.

지급 재료

주재료와 부재료
스파게티면(건조면) 70g, 캔 토마토(홀필드, 국물 포함) 300g, 양파(중) 1/2개, 파슬리(잎, 줄기 포함) 1줄기, 모시조개(지름 3cm 정도, 바지락으로 대체 가능) 3개, 오징어(몸통) 50g, 관자살(50g 정도) 1개, 새우(껍질이 있는 것) 3마리, 마늘 3쪽, 바질 4잎, 방울토마토 2개
양념
올리브오일 40mL, 화이트와인 20mL, 흰 후춧가루 5g, 소금 5g, 식용유 20mL

조리 방법

1 해산물 손질하기 모시조개는 깨끗이 씻어 옅은 소금물에 해감한다. 새우는 내장을 제거한 후 꼬리 쪽을 한 마디 남겨놓고 껍질을 벗긴다. 오징어는 껍질을 벗긴 후 0.8×5cm로 썰고, 관자살은 막을 제거 후 얇게 편으로 썰어 놓는다.

2 재료 준비하기 분량의 마늘 반은 편으로 썰고, 반은 잘게 다진다. 양파도 잘게 다진다. 방울토마토는 끓는 물에 데쳐 껍질을 제거한 후 굵게 다지고, 캔 토마토도 다져 놓는다. ❶

3 파슬리가루 만들기 파슬리는 잎만 모아 곱게 다져 면포에 싸서 물에 헹구어 물기를 꼭 짜서 파슬리가루를 만든다. 바질은 채를 썰어 놓는다.

4 토마토소스 만들기 팬을 달구어 올리브오일 1큰술을 두르고 다진 마늘과 양파를 넣고 볶아 향을 낸 후 바질(1/2)을 넣어 볶고 방울토마토와 캔 토마토를 넣고 끓여 토마토소스를 만든다. ❷

5 스파게티면 삶기 냄비에 물을 올려 끓으면 소금을 조금 넣고 스파게티면을 8~10분간 삶아 가운데 하얀 심이 남아 있는 알 단테(al dante)로 삶아 찬물에 헹구지 않고 체에 건져 놓는다. ❸

6 재료 볶기 팬에 올리브오일을 두르고 저민 마늘, 다진 양파를 넣어 볶다가 손질한 해산물을 넣어 1분 정도 센 불에 볶는다. 여기에 화이트와인을 넣고 뚜껑을 덮고 해산물을 익힌다. ❹

7 완성하기 6에 토마토소스를 넣고 끓으면 삶은 스파게티 면을 넣어 버무린 후 소금, 흰 후춧가루, 슬라이스한 바질을 넣어 섞어 준 후 완성 접시에 담고 파슬리가루를 뿌려 준다. ❺~❼

 Key Point ──────────────

스파게티면은 삶아서 찬물에 헹구지 않으며, 면끼리 달라붙는 것을 방지하기 위해 올리브오일을 섞어 준다. 토마토소스에 마른 바질은 마늘, 양파를 볶은 후 넣고, 생바질은 소스 완성 직전에 넣어 준다.

유상훈(2012). **세계조리학.** 교문사.

이두찬, 이은정, 최정윤, 정수식, 최영준(2010). **서양요리.** 교문사.

전희정, 주나미, 백재은, 윤지영, 정희선, 황재선(2010). **(개정판)맛있는 서양조리.** 교문사.

최성웅, 김경자, 조성호(2012). **최신 서양조리실무.** 백산출판사.

황기성, 김선경, 김주숙, 민성희, 박세원, 이상정, 임재창, 제갈성아, 최영심, 한숙경(2010). **알기 쉬운 서양조리.** 교문사.

저자 소개

정순영

숙명여자대학교 식품영양학과. 이학박사 수료
연세대학교 기능성식품영양 전공. 이학석사 졸업
대한민국 조리기능장·영양사
조리기능장 조리산업기사 실기 감독위원
WACS 요리대회 금상 수상
장안대학교 식품영양학과 전임교수
광운대학교 경영대학원 외식프랜차이즈과 외래교수

김경애

동의대학교 외식경영 석사
조리기능장, 영양사
한국조리사회 부산 부회장, 조리실기 감독위원
창원문성대학 호텔외식조리과 겸임교수
부산 여성회관 조리과 강사

복혜자

고려대학교 석사. 이학박사
원광디지털 웰빙문화대학원 자연건강학 석사 부전공
조리기능장, 약선음식 약용식물관리사 자격
조리기능장 실기감독, 한국전통음식전시경연 대통령상
경동대학교, 고려대학교, 세종대학교, 교통대학교, 경기대학교 등 강사

나정숙

호남대학교 일반대학원 호텔경영학 박사
(사)한국조리협회 서울 지부장/대한민국 국제요리경연대회 심사위원
(사)세계음식문화협회 상임이사/향토식문화 대전 심사위원
(주)핀 외식연구소 소스아카데미 자문위원
서울호텔관광직업전문학교 호텔조리과 교수부장

서양조리

2015년 2월 23일 초판 인쇄 | 2015년 2월 27일 초판 발행 | 2018년 2월 28일 2판 발행

지은이 정순영·김경애·복혜자·나정숙 | **펴낸이** 류원식 | **펴낸곳 교문사**

편집부장 모은영 | **책임진행** 이정화 | **디자인·본문편집** 아트미디어

제작 김선형 | **홍보** 이솔아 | **영업** 이진석·정용섭·진경민 | **출력·인쇄** 교보피앤비 | **제본** 한진제본

주소 (10881)경기도 파주시 문발로 116 | **전화** 031-955-6111 | **팩스** 031-955-0955

홈페이지 www.gyomoon.com | **E-mail** genie@gyomoon.com

등록 1960. 10. 28. 제406-2006-000035호

ISBN 978-89-363-1739-3(93590) | 값 16,000원